U0150136

今天起，植物住我家

[韩]权志娟 著
陈靖婷 译

中国轻工业出版社

作者序

“植物景观设计”这个词汇，近几年才刚兴起便备受瞩目。想到过去积累的个人经验和园艺知识，要以书籍的形式和读者分享，不但让我很有成就感，也产生了不小的压力。我开始着手植物布置的动机很明确，因为景观设计正是我的专业，而且我也喜欢将庭院整理得漂漂亮亮的。我一直十分渴望拥有大大的绿色后院，但在大城市里要拥有自己的庭院实在不容易，因此，种植室内盆栽可以说是最佳选择。

不过，对于许多人来说室内盆栽就是“放在阳台的妈妈专属物品”，家里摆着几个大花盆，总觉得有点占空间。不少人为了漂亮的室内装修，不惜支付大笔的家具和装饰费用，对于购买植物却十分吝啬。“植物就是最漂亮的家饰品！如果能让大家将植物融入生活，成为室内设计的一部分，那该有多好！”在这样的理念之下，我开始撰写这本书。

将植物放入适合的花器中，再摆放到适当的地方，不仅能够展现出植物和器皿的样貌，也让空间变得舒适美好。也许现在仍有人低估了植物为空间设计带来的价值，但我真心期盼各位读者能将植物融入生活，因此，我在这本书上下了很大的功夫。希望大家阅读这本书后，能够深刻感受到在专属于自己的空间中拥有植物是多么美好的一件事。

权志娟

写于一个适合种植物的日子，在 With Plants 工作室

目录

Contents

Intro 给想要与植物一起生活的你

PART 1 任何人都能找到最适合自己的植物

PART 2 关于植物布置的基础知识

居家植物的兴起，让人类和植物变得更靠近，也提高了生活质量。将植物作为室内设计的一部分，更是时下流行。尽管如此，还是有许多人认为“栽种植物”是一件很困难的事。为了解决这个问题，这一章我会跟大家分享和植物一起生活的价值与方法，希望每个人都能感受一下亲手铺土、辛勤流汗之后所看见的美好成果，是多么令人感动的事情。

Intro

提升居家质感！

给想要
与植物一起生活
的你

让植物进入自己的生活空间，
代表什么意义？

开始让植物
进入你的生活空间

植物的力量

我是一位“植物景观设计师”。每当我向新朋友介绍自己的职业时，对方常常会有这样的反应：“哇，好棒的工作啊！可以在清新漂亮的空间里工作，应该完全没有压力吧？”听到他们这么说，我总是不知道该怎么回答，只能以尴尬的笑容回应。事实上，因为工作非常忙碌，我的办公室常常凌乱不堪，有时候甚至不好意思让客人进门。对我来说，用植物装饰空间这件事需要学习的地方还有很多，但从许多人对植物的热爱已经可以看出植物的力量之伟大。

植物不仅让环境变得美好，光是欣赏也会让人感到心情安定。或许是因为现代生活步调快速，唤起了人们对大自然的关注，不少人开始在家中摆放盆栽；但是将植物带入生活，绝不可以只是一时兴起。因为植物具有生命，想要栽种植物，首先要有责任感，与其觉得漂亮就一次大量购入，不如先从单一植物开始学习种植，即使只有一盆植物，也能改造空间氛围。等培养出了兴趣与心得，再慢慢细心选购，逐步增加家中植物的数量。

有植物相伴的绿意生活

科技的进步让我们的生活变得便利，却也让我们更难以亲近大自然。住在水泥丛林之中，人们向往有绿意的生活，因此，每到周末，市区的绿地和河滨公园都人满为患。然而，相较于密集的高楼大厦和人口数，城市里的绿色空间还是严重不足。

因此，渴望拥有一个可以好好休息的私人空间，这样的人越来越多了。比起专注于电视或计算机屏幕，把自己的家布置得更舒适、每天花些时间照料植物，更能获得真正的休息。有绿意相伴的放松时光，是和植物生活有价值的理由之一。结束忙碌的一天，想到能够回到有植物的家，能让人感到轻松愉快。

让植物进入生活空间

小时候，我们家的阳台摆满了植物，照顾那些植物似乎一直是妈妈的责任。身为老师的妈妈，每到寒暑假就会对我说："现在你就是植物的妈妈，要喂你的孩子吃饭。"当时的我并不以为意，只是忙着玩，但妈妈看到植物时，就会问我浇水了没。"你又没浇水啊？自己每餐都知道要吃饭，怎么能让它们饿肚子呢？"被妈妈教训过这一次，从此之后，我开始负起照顾植物的责任，并每天仔细观察植物的变化。也许是因为当时是夏天，植物每天看起来都不太一样，只要浇过水，茎和叶子就会充满力量，看起来更加茂盛，不过一周的时间，茎叶的成长已经十分明显。植物以非常缓慢的速度持续变化中，虽然有时候难免凋零枯萎，但它们总是在原地尽力求生存。有了这个经验后，我对于家中有植物这件事更加关心和投入，并且产生了一种使命感，植物就像猫、狗等宠物一样，也非常需要人的关爱和细心照顾。

看着植物的时间

从那时开始，我更加享受在有植物相伴的空间里，一边环顾四周，一边听着音乐，看着家里的小狗和植物形成十分和谐的画面，这样的环境就让我心满意足，总是不由自主地露出微笑。

还记得念小学的时候，老师出了一道观察植物的作业。当时觉得晚上绽放、白天枯萎的植物很神奇，因此，我选择了月见草作为观察对象。很多漂亮的花，都是一路绽放到枯萎，但在我眼中，早晚反复绽放又枯萎的花实在是太美了。从此之后，只要看到月见草，我都会忍不住跑去多看几眼。小时候的一时兴起，演变成一种对植物的执着，对我来说，每一次观察凝望植物的时间，都是能够激发灵感的美好时光。

植物专家，特别懂得照顾植物?

这是我最常被问到的问题，答案是：NO！在这里我可以大方承认，身为一个植物专家，我办公室里的植物也会枯萎，其中还包括不明原因枯死的盆栽。我跟一般人并没有什么不同，只是我有更多失败的植物种植经验，比较熟悉照料方式罢了。

一般来说，每种植物都有标准的照料流程，不过那也是指基本环境都相同的情况。实际摆放植物的空间，可能日照较长、比较寒冷、通风不好，或是温度比想象中更高。摆放植物后，要观察周围环境至少数周，才能找到照料该植物最适合的方式。不必太过担心，即使无法打造最佳环境，植物也会慢慢适应，放宽心和植物一起生活吧！

植物带给我们的回馈

植物带给我们的回馈，除了心灵上的平静，也有实质上的效果。如大家所熟悉的，植物有净化空气、调节湿度、调整温度、降低电磁波等各种功效，如果在室内的5%~10%空间摆放植物，就能有效发挥上述作用。所以说植物带给我们这些有形与无形的帮助，更胜于我们对植物的付出。

也许各位家里的空间并不大，总觉得家里已经没有多余的地方可以摆放植物。其实不一定要放置大型植物或是要放好几株盆栽，即使量少，也不代表没有效果，不必为了数量烦恼，建议先从桌上型盆栽开始尝试，上手之后再慢慢增加数量。

世界上一定有
最适合你的植物

植物也拥有生命

如果你已经决定开始“养植物”，那么首先要做的事就是观察自己的生活模式以及预计要摆放植物的环境。想要拥有一个四季绽放、香气芬芳的植物庭园，通常都需要费心照料。阳光充足且通风良好的环境是最基本的，除此之外，还要勤于除草和施肥。如果在家的时间不长，只能够在房间里栽种漂亮的小盆栽，又不小心摆在向阳的地方，很可能不久之后就会发生悲剧。然后你开始自责：“果然又被我种死了啊！”“我一定是死亡之手！”甚至会因为挫折而暗自下定决心：“我再也不要碰植物了。”因此，请务必谨记这一点：植物虽然不会动，但它仍旧有生命。想要种活植物，就必须打造适合植物的环境。

一定有适合自己的植物

先观察自己的生活形态和空间，再选择适合自己的植物，才能与植物长久相伴。请仔细检查计划摆放植物的空间，阳光是否充足？温

▲ 如果无法时时刻刻照料植物，试试抗旱性强的植物吧！

度是否合适？通风条件是否良好？湿度是否适合？如果下班时间较晚，无法花太多时间照顾植物，不妨选择不用经常浇水、抗旱性强的植物；阳光不充足的空间，则建议选择阴性植物或半阴性植物（详见 P62）。

各类植物的基本照料方式，可以参考本书附录2的“植物小百科”。除此之外，还要注意依据摆放环境的不同，种植方式也各不相同。让植物健康成长的不二法门，是经常留意与观察，希望大家可以将自己的植物视为家中的一分子，带着责任感用心照料，这是栽培植物最重要的事。如果担心自己忘记浇水或保持通风，可以利用手机的闹钟功能，详细记录浇水日期和通风时间。

▲ 一定要记住，阳光、水和通风是植物的必备条件。

找到专属于你的植物

选购植物之前，请先使用这张“室内植物检查表”来剖析自己的生活模式和居家环境。找出适合自己的植物，不但能够美化室内空间，也能开始体验和植物同居的美好。

室内植物检查表

你希望放植物的地方日照有多长?

你有时间经常观察植物吗?

YES

NO

一天两小时以上

你有时间经常观察植物吗?

NO

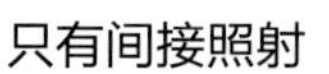

你有时间经常观察植物吗?

YES

NO

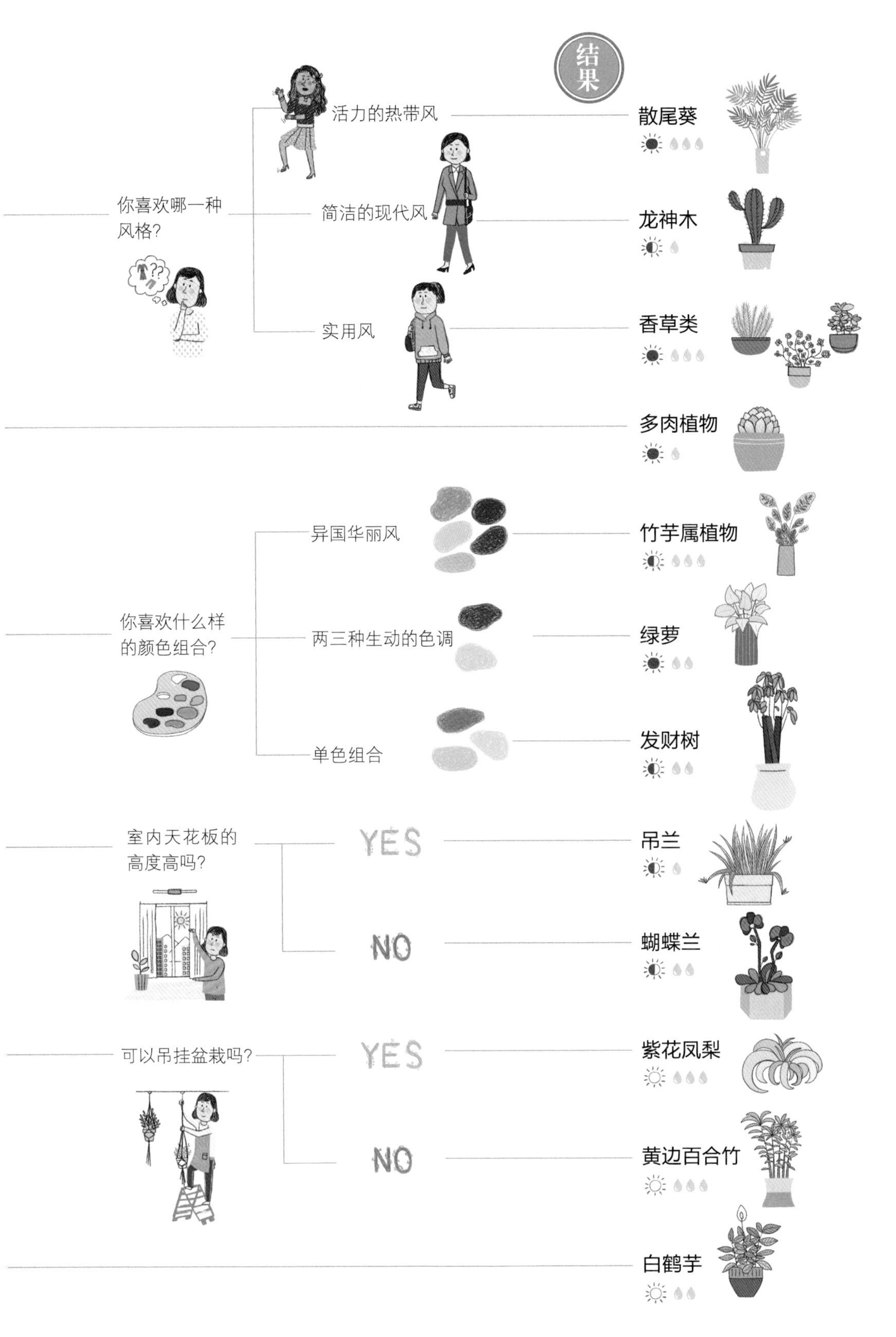
结果
你喜欢哪一种风格?
活力的热带风
简洁的现代风
实用风
散尾葵
龙神木
香草类
多肉植物
你喜欢什么样的颜色组合?
异国华丽风
两三种生动的色调
单色组合
竹芋属植物
绿萝
发财树
室内天花板的高度高吗?
YES
NO
吊兰
蝴蝶兰
可以吊挂盆栽吗?
YES
NO
紫花凤梨
黄边百合竹
白鹤芋

用最适合你的植物进行室内布置

植物室内设计是什么?

植物室内设计结合了“植物”和“室内设计”两个元素，是指为了打造出充满绿意的空间，以植物为素材来进行室内设计。多年前，几乎没有人会这样装饰房子，但近年来在室内设计中，植物已经被视为空间设计上的重要素材。

在生活空间里摆放植物，俨然成为一种流行。以植物做室内设计，在这几年逐渐受到喜爱并且快速发展，让植物进入居家或工作空间，虽然必须多花一些时间照料，但大众的接受度越来越高，由此可见，大部分的人还是向往自然。不少搬家、搬迁办公室的人都会特地找景观设计师咨询，以室内植物为主要装饰的咖啡店和商店也在闹市中陆续开张。

植物室内设计并不难，也不需要刻意追随流行。每一个绿意盎然的家园，都是从一株小小的植物开始的。不妨从今天起，选一种适合自己的植物，开始打造专属于自己的休息空间，你很快就会明白，它能为我们生活带来的变化，远比你想象的还要巨大。

这里要放什么植物?

将植物融入室内设计已经成为趋势，原本就喜爱植物的人更是跃跃欲试。因此，有不少即将搬新家、新办公室或拓展新店面的人，因为不知该从何下手而到我的工作室咨询。

以前和客户讨论时，许多人只是毫无计划地说：“我想要放一些植物。”现在大多会提出具体的要求，例如：“这里我想要放某种植物”“我想用地中海风的植物装饰”等细节。现在除了有许多以植物为主题的商店，通过各种网站和媒体，大家也能轻松接触到世界各地的植物装饰风格。通过这些直接与间接的经验，大家开始强烈感受到室内有没有放植物的差异真的很大。

这本书中详细介绍了适合各种空间、各种风格的室内植物，只要仔细阅读，相信你也能打造出专属于自己的完美植物空间。

今天开始和植物一起幸福同居

如果你开始好奇哪些植物适合自己、哪些植物适合自家空间，代表你已经踏出第一步了。通过这本书，可以初步解决你对植物的疑惑，如果想要寻找更多灵感，还可以进一步通过一些网站或室内设计杂志来找出自己的独特风格。将自己喜欢的设计搜集起来之后，个人风格会渐渐自然形成。从小地方开始练习摆设植物，不必花大价钱装修，就能达到改造空间氛围的效果，利用不同的植物来改变居家氛围，也是很好的自我练习。

通过上个章节的检测表找到适合自己的植物后，接下来就要开始挑选了！并非所有的植物都适合在室内生长，因此这个步骤十分重要。在这个单元中，将会依据每个人的种植目的、居家环境与生活习惯分成12大族群，每个族群再选出室内适应力佳、又十分好照顾的10种植物。不管你自认是植物杀手，或是因为空气污染严重而想要净化空气，或是家里养宠物的人，都能在这里找到最适合自己的植物。

PART 1

12 大族群适用！

任何人都能找到最适合自己的植物

植物达人教你观察居家环境，
挑选最符合个人需求的植物！

Interior plant | 01

专为植物杀手设计：
新手不易失败的植物 *Top 10*

很多人都说自己是“植物杀手”，声称“只要我养植物，就一定会死”。为了这些想要亲近植物又害怕失败的人，我选了十种最容易种活的植物。不过，所谓的容易种活，不是指不用浇水，也不是完全不需照顾。别忘了，世上没有植物是只要丢着就能自己好好生长的，任何植物都需要持续照料。

虎尾兰

在任何地方都能生长，十分容易照顾。

芦荟

多肉植物，在阴影处也能生长，在阳光下会富含水分。

火鹤花

可以观赏开出各种颜色的苞片[注]，种植时乐趣十足。

[注] 苞片是一种特殊的叶，非花瓣。

白鹤芋

包覆花朵的苞片，相当漂亮，即使在阴暗处也能开花。

绿萝

好照顾又好生长，抵抗病虫害的能力佳。

球兰

即使偶尔忘记浇水也不必担心，只要一浇水就能恢复生气。

白雪公主粗肋草

银色和绿色交错的叶片，放在室内能够彰显出高级的质感。

幌伞枫

就算是疏于管理、叶片低垂，只要浇水就能恢复。

袖珍椰子

好照顾，也容易长新叶，栽种起来十分有趣。

印度榕

在室内任何地方都能生长，坚实的茎和厚实的叶片独具魅力。

消灭有害物质：
净化空气的造氧植物 *Top 10*

空气污染和雾霾问题日渐严重，能够去除空气中各种污染与有害物质的净化空气植物备受瞩目。常见的室内污染物质有甲醛、一氧化碳、氨、苯、甲苯等，以下挑选了十种净化空气植物，可以有效去除挥发性有机化合物，达到净化空气与调节湿度等功效。

绿萝

能有效消除空气中的甲醛，且易于栽种。

白柄粗肋草

叶面的花纹多样，十分耐阴，且易于栽种。

波士顿肾蕨

蒸腾作用显著，能够有效消除甲醛。

火鹤花

能够消除一氧化碳和氨，花苞美丽，因此非常受欢迎。

尖尾芋

叶片大，独具清新风格。能消除机器散发出的化学物质，适合摆在办公室。

雪佛里椰子

蒸腾作用显著，消除挥发性化学物质的能力也十分优越。

观音棕竹

能有效吸收氨，放在任何地方都可以生长。

散尾葵

美国宇航局（NASA）选定的第一室内空气净化植物。

孟加拉榕

最具代表性的室内观叶植物，带光泽的叶片是其最大特色。

番仔林投

净化空气的能力优越，在相对不佳的环境中也能生长。树形㊟独特，适合用来观赏。

㊟树形是综合树的根、茎、枝、叶等条件所表现出的外形。

室内过度干燥：
取代加湿器的湿度调节植物 *Top 10*

长期使用空调，会发生过度干燥的情况。尤其是在气温较低的冬天里，有些家庭习惯开着暖气，更需要调节室内湿度。如果在室内摆放5%的植物，不需要购买加湿器也能达到同样的效果。挑选蒸腾作用快速的植物，不仅可以调节湿度，还能净化空气，是一举两得的做法。

吊兰

叶片的纹样美丽，易于照料。

富贵蕨

叶片轻薄，树形看上去相当繁茂。

波士顿肾蕨

经常喷水，便能营造出叶片繁盛的清新感。

凤尾蕨

色泽明亮，树形独特。

杯盖阴石蕨

与其他的蕨类相比，照料相对容易。

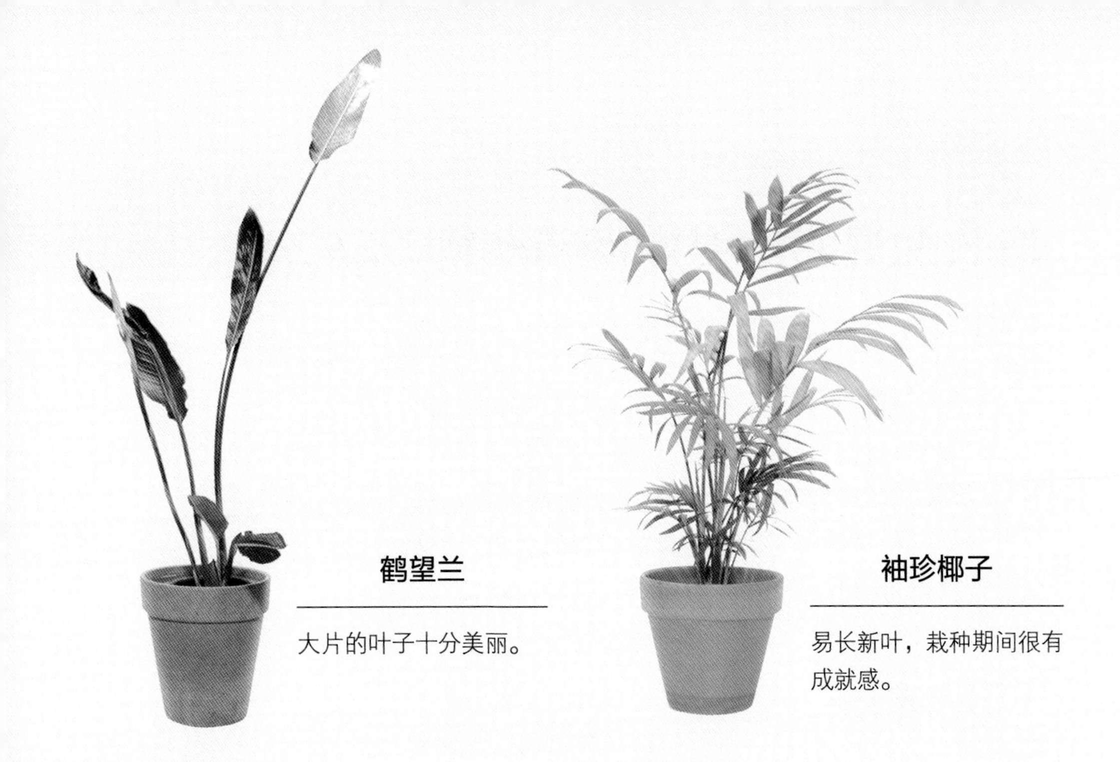

鹤望兰

大片的叶子十分美丽。

袖珍椰子

易长新叶，栽种期间很有成就感。

散尾葵

除蒸腾作用强烈之外，也有净化空气的效果。

发财树

树形美丽，能打造出异国氛围。

雪佛里椰子

茎的外形就像竹子一般，稍作整理就有日式氛围。

避免让宠物接触：
具有毒性的危险植物 *Top 10*

我们喜欢的植物，很可能对宠物有害，如果不慎食用或吸入，可能会造成宠物呕吐，甚至死亡。大部分宠物会通过嗅觉或味觉来观察植物，但还是建议养宠物的家庭避免种植具有毒性的植物。除了以下介绍的植物之外，天南星科、球根植物、仙客来等都可能造成危险，最好放在宠物碰不到的地方。

黄金花月

宠物若食用，可能引起呕吐、恶心、消化不良、脉搏减弱等症状。

芦荟

宠物若食用，可能引起呕吐、腹泻、食欲不振、痉挛、体重减轻等症状。

万年青

树液可能导致皮肤受到刺激。

水仙

花朵、叶片和球茎都具有危险性，宠物若食用，对口腔会造成强烈刺激，引起流口水、呕吐、腹泻、食欲不振、忧郁等症状。

虎尾兰

宠物若摄取，会导致呕吐或腹泻。

长寿花

可能导致呕吐或腹泻，甚至引起心律不齐。

爬山虎

宠物若摄取，可能导致呕吐或腹泻。

常春藤

常春藤属㊟的植物都含有毒素，可能诱发胃病，最好避开。

㊟ 常春藤属是五加科下的一属，此属内的植物都会沿着墙面、地面或其他植物生长，为绿色藤蔓植物。

白鹤芋

宠物若摄取天南星科植物，会产生呕吐、慢性肾脏病等问题。

变叶木

根和叶的树液具有毒性，食用后可能会导致腹泻。

与植物和平共处：
宠物误食也无妨的安全植物 *Top 10*

如果你既爱宠物，也爱植物，两者都不能割舍，别担心，还是有适合你种植的植物类别，这里要介绍宠物不小心吃下肚也无大碍的植物。购买植物时，如果觉得要确认每一样植物是否含有毒素很麻烦，可以直接参考以下植物进行室内装饰。

紫花凤梨

搭配玻璃容器以悬挂的方式摆放，能营造出室内的独特风格。

吊兰

不具有毒性，适合有宠物的家。

如意凤梨

凤梨科的植物大部分无害，且易于照料，具有异国风，相当受欢迎。

蜻蜓凤梨

叶片的色彩和纹样独特，装饰效果极佳。

豹纹竹芋

深褐色的叶片非常漂亮，白天绽放，晚上卷曲，又称为“祈祷的植物（prayer plant）”。

波士顿肾蕨

叶片美丽，长久以来一直是常见的室内植物，备受大家喜爱。

白脉椒草

叶片小而可爱，非常易于照料。

散尾葵

椰子科全部不具有毒性，可以放心选购。

发财树

带异国风，十分受欢迎的植物。

一叶兰

树形优雅，外形高贵，常用于切花[注]。

[注] 切花是直接从植株上切取下来的花梗、花轴或枝干，具有观赏价值，常用于制作花篮、花环、瓶插花等装饰。

适合用来学习观察：
小朋友喜欢的植物 *Top 10*

孩子总是奔波于学校和课外班之间，如果想要让小朋友有更多机会接触大自然，在家栽种植物是个不错的方式。家中有植物这件事不但会让孩子更重视生命，也能让孩子学习观察植物。此外，植物会散发出负离子，有净化空气的功效，可以给孩子提供更好的生活环境。

紫花凤梨

能吸收空气中的粉尘，不用土就能种，有净化空气的功效。

蟹爪兰

光线充足时会开出红色的花朵，独具魅力，非常受孩子喜爱。

薜荔

色泽明亮，叶片可爱，要经常喷水，不妨交给孩子来照顾。

火鹤花

消除二氧化碳的能力突出。

石笔虎尾兰

消除二氧化碳和一氧化碳的能力卓越。

螺旋灯心草

茎如弹簧般，这样的外形对孩子来说十分有趣。

万年青

叶片漂亮，盆土要保持湿润，栽种起来趣味横生。

垂榕

枝叶繁盛，营造出一个高贵的独立空间。

幌伞枫

非常容易栽种，不易被光线影响。

印度榕

容易栽种，消除甲醛的效果显著。

提升读书与工作效率：
加强专注力的植物 *Top 10*

在孩子房间或需要集中注意力的书房，在不影响视线的情况下放几株植物，能够达到净化空气、散发负离子的效果，进而提升读书与工作效率。大部分的室内植物都能够消灭空气中的有害物质，以下所挑选的是效果格外显著的种类。

薜荔

维持湿度非常重要，建议经常以喷枪加湿。

虎尾兰

能吸收建材释放出来的有害物质。

白雪公主粗肋草

电影《终极追杀令》中出现过的植物，色彩漂亮且易于照料，很受欢迎。

蝴蝶兰

花朵美丽且易于栽种，十分受欢迎。

石笔虎尾兰

相较于其他植物，释放出的负离子最多。

箭羽竹芋

叶片美丽，外形带有异国风。

小精灵空气凤梨

色泽金黄，不用土就能种，十分容易照料。

休斯敦空气凤梨

细长的叶片以及毛茸注的色泽美丽。

注 毛茸（Trichomes）是附着于植物上的毛。

垂榕

消除异味的效果卓越。

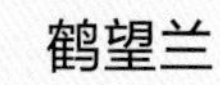

鹤望兰

树形美丽，易于栽种。

适合放在客厅：
装饰效果突出的大型植物 *Top 10*

大部分的客厅都具备阳光充足、通风良好的条件，同时也是家中最宽敞的地方，因此，推荐摆放尺寸较大的植物。在客厅里摆放一两种较大的植物，装饰效果非常好。

羽裂蔓绿绒

叶片美丽，常用于制作切花。

琴叶榕

树形漂亮，生命力强，非常受欢迎。

龙血树

带异国风，观赏效果佳。

朱蕉

叶片色泽华丽，装饰效果好。

龙神木

颜色和形状都很漂亮的仙人掌，十分受欢迎。

黄边百合竹

除苯功效卓越。

丝兰

树形独特且吸睛，装饰效果卓越。

龟背竹

叶片美丽，室内装饰的首选。

红边竹蕉

树形高贵优雅。

小叶南洋杉

能适应低温、光线微弱的恶劣环境，也可以抗病虫害，且易于在室内生长。

适合放在卧室：
提高睡眠品质的植物 *Top 10*

植物通常在白天打开气孔，吸收二氧化碳，进行光合作用；晚上不但不吸收二氧化碳，还会因为呼吸作用而吸入氧气。因此，在晚上时，植物附近的二氧化碳浓度相对较高。基于上述原因，建议在光线微弱的卧室摆放晚上进行光合作用的CAM代谢植物㊟。

㊟ CAM的全称是Crassulacean Acid Metabloism，中文名称为“景天酸代谢循环”。CAM代谢植物在夜间进行光合作用，夜晚时打开气孔，吸收二氧化碳并储存，到了白天再将二氧化碳释放到叶绿体进行光合作用，提供葡萄糖给植物体。大部分的多肉植物都属于CAM代谢植物。

空气凤梨

不用土，在卧室也能干净栽种。

虎尾兰

CAM代谢植物的代表性植物，易于照料。

绿钻蔓绿绒

叶片具有光泽、呈深红色，摆在卧室非常美观。

变叶木

叶片华丽，对光的适应力强，在昏暗处也能生长。

石笔虎尾兰

在狭小的空间也能摆放，易于照料。

常春藤

空间不足时，可以悬吊的方式栽种或放在墙面的层架上，让枝叶自然垂坠，更显美观。

一叶兰

树形优雅，栽种容易。

发财树

粗大的枝干和柔软的叶子形成对比，独具魅力。

金黄百合竹

在光线不足的情况下也能成长，茂密的叶子看起来生命力旺盛。

观音棕竹

放在卧室有高级的感觉。

适合放在厨房：
消除有害气体的净化空气植物 *Top 10*

不吸烟女性得到肺癌的几率逐年增加，原因之一就在于长时间待在厨房。主妇会因为使用燃气、烤箱等加热器具，导致空气中充满二氧化碳、一氧化碳、甲醛等物质。因此，在厨房内摆放净化空气植物，能够减少这类有害气体。如果厨房里的光线充足，也可以考虑种植能够直接加在食物中的香草植物。

薰衣草

香气迷人，只要空气流通、拥有充足的水分和良好的光线，在室内也能健康生长。

芦荟

具有消除有害物质、净化空气的功效。

绿萝

吸收有害气体效果显著的植物之一。

迷迭香

香草植物的一种，常用于食材之中。

薄荷

在光线微弱处也能好好生长，生长速度快，要经常摘叶子。

轮叶紫金牛

花朵、果实和叶片的观赏价值都很高，且容易栽种。

吊竹草

冬天时，叶片底端会变粉红色，容易栽种。

合果芋

观叶植物中的代表性植物，有害气体的吸收率高。

常春藤

具有吸收有害气体的功效。

杯盖阴石蕨

有消除甲醛的功效。

适合放在浴室：
随处都能生长的除味植物 Top 10

很多人都没有想到，原来浴室也可以摆放植物，一般家庭的浴室通常兼做厕所用，而植物可以帮助消除因不常打扫所产生的异味。浴厕通常都位于光线不足的地方，不少植物都能抵抗湿度高、温度低的环境，以下介绍除味效果卓越的植物，只要摆上几株小盆栽，就能营造杂志中的氛围。

纽扣藤

避开直射光线，就能好好生长。

竹芋

叶片色彩华丽，放在室内能够成为视觉焦点。

绿萝

将叶片固定于架上，装饰的效果最佳。

波士顿肾蕨

颜色明亮，放在光线不足的浴室里，能够带出清新的氛围。

山苏花

能适应湿度高的环境。色彩明亮，放在昏暗处有提高亮度的效果。

白鹤芋

在昏暗、低温的环境也能生长。

观音棕竹

除氨的效果突出。

常春藤

让叶片栖于架上往上攀爬，装饰的效果最好。

袖珍椰子

小而繁盛的叶片能带出清新的氛围，也可以使用水培。

蝴蝶兰

在阴暗环境也能生长，偏好湿度高的环境。

适合北欧风室内设计：
北欧风装饰效果突出的植物 *Top 10*

除了前面所挑选的功能性植物，还有许多漂亮的植物也能在室内生长。近来挑选植物的首要条件，莫过于有杰出的装饰效果，而在各种设计风格之中，最受欢迎的就是“北欧风”，以下要介绍的正是适合北欧风室内设计的植物。此外，如果家里有阳台，可以在阳光充足的地方摆放菊花、仙客来、香草等华丽的植物，打造专属于自己的庭院。

澳洲石斛

花朵华丽，可以抵抗寒冷的冬天，照料相对简单。可以单独当作装饰品，也能放在大柜子上做摆饰。

孔雀竹芋

种类很多，叶子的纹路和色泽华丽，照料简单，放在室内任何地方都可以。

眼树莲

属于一种寄生植物㊟，常种于粉碎的椰子壳或木屑中，如果空间不足，可以挂在窗边或天花板。

㊟寄生植物是指附着于植物表面或石头生长的植物。

丝苇

形态非常独特的植物，又称为寄生仙人掌，叶子有多种不同的形状，适合挂在窗边或天花板。

鹿角蕨

可以挂在天花板或墙上，非常受欢迎。

栒子

灰白色的枝干独具美感，小巧玲珑的叶片非常精致。适合摆在客厅和卧室。

月橘

全年都会开花，带有香气，十分受欢迎。只要是阳光充足的地方都适合种植。

文竹

轻盈的叶片如雨伞般散开，形状优美。室内任何地方都适合摆放。

苏铁

叶片细长但十分坚实，放在有空间感的地方，能带出异国氛围。

丝葵

蒸腾作用最显著，能调节室内湿度。

选出适合自己的植物后，现在要学习如何和植物相处。在这一单元中，会以深入浅出的方法讲解基本园艺知识，介绍让植物健康生长、维持美丽的方法。同时，针对第一次接触园艺的你，也仔细介绍了基本工具和管理方法。一旦开始和植物一起生活，你就会发现养好植物并不像想象中那么困难。读完本章节，你会更有自信与植物相处。

新手＆绿手指都要看！

关于
植物布置的
基础知识

根据空间特性，挑选、栽培、摆设、装饰，
全部一次搞定！

with
PLANTS

家庭园艺的基本配备

想要开始进行家庭园艺工作，必须先准备好基本的工具和土壤。至于哪些是必备工具？这些工具又该如何使用？不同种类的土壤各自有什么用途？都会在接下来的内容中仔细说明。

1
2
3
4
5
6
7
8
9
10

10 种必备工具

只要有下列10种工具，就可以开始进行家庭园艺工作。
建议各位在选购之前，先仔细阅读各种工具的挑选重点。

1 浇水器

浇水器可以让花盆内的土壤充分吸水。推荐出水口像莲蓬头的浇水器，这是为了让水均匀喷洒，刻意挖了数个小孔的设计。有些浇水器的出水口太小，出水量较弱；但也有像茶壶一样细孔的浇水器，出水量较强，容易翻动盆中的土壤。

2 锯子

遇到修枝剪刀剪不断的粗枝时，就必须使用锯子来锯断。

3 园艺剪刀

修剪细枝或叶片时，使用轻巧锐利的园艺剪刀比较好。所有的工具都是消耗品，尤其剪刀是最容易坏的工具。因此，建议初学者不用买专业剪刀，先从便宜的开始使用，再慢慢更换成自己喜欢的款式。

4 修枝剪刀

修剪木质化的茎或树枝时，使用这种剪刀比较方便。

5 汤匙

准备室内小花盆时，比起铲子，汤匙是更实用的工具。汤匙能够用来挖少量的土和装饰石，可以将盆栽装点得更精致。

6 镊子

主要用于小型多肉植物或仙人掌，尤其处理玻璃类容器盛装的植物时，镊子是必备工具，建议要事先准备好。

7 毛笔

进行园艺工作的过程中，难免会弄乱土壤或石头，此时可以用毛笔整理。因为桌上型小扫把和刷子的尺寸都偏大，小而柔软的毛笔更为方便实用。

8 花铲

培植花草树木时，比起大铲子和锄头，更推荐使用小花铲。轻巧的塑料花铲有各种尺寸，而且价格便宜，可以根据自己的需要选择。不锈钢和钢制的铲子较坚硬，通常用来搬移坚硬的土或碎石。

9 围裙

选择厚实、坚固布料制作的围裙较佳。如果有口袋就更好了，可以放一些小工具，方便随时取用。

10 园艺手套

直接用手碰土壤和植物也无妨，但为了避免双手被割伤，还是建议戴上手套。此外，土壤和植物会吸收水分，让手变得干燥，容易生硬皮。最好准备防水耐磨的橡胶园艺手套，不过不需要随时戴着，偶尔也可以用手摸摸土和植物。

不同土壤与无土介质

对园艺工具有了初步了解后，现在要来认识土壤。每种植物都有它最喜欢的土质，以下不只介绍种植用的土壤，还包括无土介质㊟。进行换盆作业的时候，要考虑土壤的营养、通风、吸水性等条件，并依照下图依序放置。

㊟ 土壤是栽培植物最主要的介质，而无土介质则是指非土壤的栽培介质，例如：轻石、火山石、树皮、木炭等。

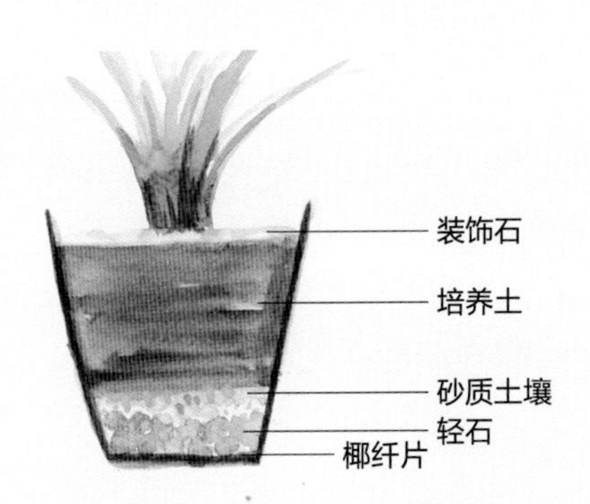

砂质土壤

最适合栽培植物的天然土壤。颗粒粗大，排水性佳，几乎不带细菌。一般来说，砂土会和颗粒细小的土混合，因此使用前务必要清洗。若没有洗净，细土和水混合后会变成妨碍排水的泥状。

培养土

由一般土壤混合各种介质加工制成，富含营养，通风和保湿性佳，并且没有病虫害。培养土是最常用的土壤种类，可依植物所需选择不同的介质来调配。

轻石

一般又称作浮石。经过高温处理后，可以作为园艺土使用，具有轻巧、易通风、排水性与吸水性佳的特征，十分适合栽种兰花。依大小分小粒、中粒、大粒三种。

腐叶土

树叶、小树枝等经过微生物分解后所形成的土壤。土壤中富含有机物质、水分和少量维生素，通气性良好，可以和一般土壤混合使用。

火山石

火山爆发后，由火山玻璃、矿物与气泡形成的多孔形石材，带有天然的美丽色泽，颜色依质地而有所不同，不会变质或变色，可增加土壤的透气性，并吸附有害细菌。

装饰石

市面上可以购买到各种大小、色彩的装饰石。个人较常使用白石、砂土混合火山石的组合。除此之外，还有玉石、麦饭石、五色石、彩色石等，可依照自己喜好慢慢挑选。

椰纤片

以纯天然椰丝编织而成，使用于花盆底部，具有一定的厚度及交织状的小孔，可有效防止土壤及肥料流失，并可增加排水性。也有人使用外观呈黑色网片的滤网。

珍珠石

珍珠岩或黑曜岩经高温处理后分解而成的多孔隙白色粒状物。质地轻，透水性和保水性佳，常用于造景。

树皮

使用温带树木的树皮切成小块后再加工干燥制成。保水性佳，排水性也很好，因为形状美观，也常用于美化庭院。一般种植3~4年后会开始分解，最好在这个时间点进行换盆作业。

水苔

多由新西兰进口，是一种生长于森林阴湿处的苔类植物，采集后经杀菌、干燥后才进行销售。使用时，要让其充分吸收水分，水苔可以吸收原本重量1000倍的水，且排水性佳，常用于种植兰花。上等的水苔，苔质厚又长，色白无杂质。

木炭

换盆时，加入少许小块的木炭，能让植物长得更好。木炭中含有丰富的矿物质以及微量元素，有利于植物生长。

如何挑选室内植物

市面上已经有琳琅满目的植物，新品种也持续开发中，选择十分多样化。这个单元我们要来看看究竟如何在众多植物之中找出最适合自己的种类以及挑选时的注意事项。只要注意几个重点，就能让植物完美融入你的居家空间！

判断植物是否健康

购买植物时，大家一定会担心是否能够在家里好好生长，也烦恼植物会长虫等问题。即使是专家，有时候必须在短时间内大量购买，无法一一仔细检查，也难免会遇到不良品掺杂其中。

一般来说，土壤湿润、养分充足的盆栽为佳，而枝叶茂盛、新叶片多且颜色漂亮，正是植物健康的证据，因此要避免挑选叶片枯萎的盆栽。专家都说要挑选“有朝气”的植物，很多人会问：“怎样才算是有朝气?”答案就是新叶片多、叶片呈鲜绿色，大致上就没问题了。

◀ 叶片茂密、长出许多新叶子，代表植物非常健康。

选择适合的尺寸

实际走访售卖植物的店家，会发现从手指大小的迷你型到2米高的大型植物都有售卖。例如，同样是散尾葵，就有小茶壶大小到超过2米的大花盆可以挑选。购买之前，首先要考虑摆放植物的空间，测量能够放多高的植物，再挑选适当大小的植物。

当然，随着尺寸增加，价格也会越来越高。可能有人会想，只要买小的，再慢慢养大就可以了，不过，农场和一般家庭或办公室的环境完全不同。在种植条件良好的农场，只要六年的时间，就能让植物超过2米高，但在家中与办公室很难办到。因此，建议大家先找出希望的植物大小，购买稍微小一点的尺寸即可，享受慢慢养大的乐趣，但不必担心会长得过于高大。

▲ 花盆的大小依据植物的大小而定，植物长大后，可以再挑选大一点的花盆，进行换盆作业。

挑选净化空气植物的秘诀

空气污染问题日渐严重，天空常常是灰蒙蒙的一片，空气净化问题绝对是当务之急。为了维持室内空气流通，必须注意通风，但因为空气质量不好的缘故，无法随时开窗。所以，现在有不少人使用空气净化器，而选择种植净化空气植物的人也在逐渐增加。

植物是如何达到净化空气效果的呢？植物在进行光合作用时，会通过气孔吸收含有悬浮微粒的二氧化碳，尤其像叶片厚实的橡树或是叶片带毛的紫花凤梨，更容易吸收悬浮微粒。植物具有净化空气的能力，已于1989年由美国宇航局（NASA）研究证实，当时为了要在封闭的宇宙飞船中净化空气，发现并证实了植物具有此功能。因此，只要在生活空间中摆放 5%~10% 的植物，就会出现效果。虽然净化空气非常重要，但也要注意栽种的难易程度，在 PART 1 中，已经介绍过容易种植又具有净化空气效果的植物，请大家根据自家的环境进行挑选工作。

◀ 紫花凤梨、波士顿肾蕨、雪佛里椰子和白鹤芋是最具代表性的净化空气植物。

打造植物生长所需的空间

挑选好适合自己的植物后，就要开始种植了。植物是无法自行移动的生命体，必须要放在适合的地点，并且打造适合的生长环境，才能养出好植物。植物生长时最重要的三个环境因素就是阳光、水和温度。以下，就让我们来看看这三大要素的重要性。

with
PLANTS

光线

植物需要光线来进行光合作用，所以光照是必不可少的要素，但每一种植物所需要的光线量却大不相同。举例来说，像仙人掌和多肉这类在沙漠生长的植物，需要强烈的直射光线。反之，像橡树、鹤望兰等热带植物，在阳光极少的情况下也能好好生长。一般来说，叶片色彩华丽的植物以及会开花、结果的植物，都需要光线充足的环境。目前我们所知的一般室内植物大部分属于热带和亚热带植物，生长于热带雨林的浓密树林中，阳光多被遮盖，即使在阴暗的地方也能好好生长。购买植物之前，首先了解这些植物的环境条件，才能打造适合该植物生长的环境。

以下根据植物与所需光线的关系，将植物分成阳性、半阳性、半阴性、阴性四大类。要特别注意的是，虽然阴性植物在弱光条件下也能生长，但也仍然需要有光线的环境，不能摆放在完全没有阳光的阴暗处。

依据所需光线的植物分类

区分		内容
阳性	地点	强烈光线直射5小时以上的地方
	代表植物	香草类、多肉植物、橄榄树等
半阳性	地点	冬天也能接收约 2 小时日照的地方
	代表植物	幌伞枫、万年青类、垂榕、波士顿肾蕨等
半阴性	地点	能接收到微弱光线，适合大多数观叶植物生长的环境
	代表植物	椰子类、眼树莲、紫花凤梨等
阴性	地点	几乎没有直射阳光，正中午也在昏暗处，需要间接光线
	代表植物	绿萝、如意凤梨、杯盖阴石蕨等

▲ 光线对植物来说十分重要，而每一种植物所需的光照量都大不相同。

水与通风

植物会通过水来吸收养分，因为水分中不仅有植物进行光合作用时所需的必要物质，也会带给茎和叶片光泽，若水分不足，植物的叶片和枝干会变长，久了便会枯萎。如果你有不小心把植物种死的经历，大家第一个反应都会觉得是水浇得不够，但事实却是相反，植物过湿而死的情况更为常见。为什么会过湿呢？通常是浇水前没有仔细确认花盆内的土壤，只是目测叶片枯萎、变黄就持续浇水，这就很可能会导致过湿。植物需要水，但对土壤来说，能让其呼吸的新鲜空气同样很重要。在密闭的室内，很难会有新鲜的空气，空气通常不流通，因此要定期让植物通风。新鲜的空气才能让植物和土壤维持健康，也不容易生虫，植物才能够变得更健康。

▲ 浇水的时候，要浇到水能从底部流出来的程度。

一般人在购买植物时，都会询问要浇多少水，但其实这是没有正确答案的，因为每个人家中的空间和环境条件各不相同。请参考以下浇水管理方式，并实际操作看看。

当植物看起来没有力气、枝干变长时，请检查土壤的状态。可以伸手入内确认土壤是否干燥或是将木筷插入土壤中静置，两小时后确认筷子的湿度，若需要水，就要给予充分水量。对于不喜欢水分的仙人掌等植物，有些人会只给少量的水，但这是不对的。在浇所有的植物时，都要浇到水能从底部流出来的程度。如果盆内的土壤干燥到一吹即飞，可以用浸盆法㊟的方式，供给根部和土壤充足的水分。

㊟浸盆法

在室内种植盆栽时，每天反复浇水可能会让土壤变硬，反而会阻碍植物生长，因此，可以改为让植物从底部吸水。只要将盆栽放入一个盛水的盆子，让植物从盆底由下而上慢慢吸收水分即可。

▲ 土壤湿润、叶片干燥时，可以用水喷湿叶子。

温度与湿度

大部分的室内植物都适合在10~25℃的气温下生长，不过在冬天时要特别注意，窗边的空气会变得非常冰冷，最好避免将植物放在窗边。尤其在商业空间或办公室，早晚的气温较低，尽量不要将植物长期置于窗边等地点。

至于暖气旁边，温度非常高且干燥，最好也要避开。尤其在商业空间和办公室所使用的暖气，暖风十分强烈，会让植物的叶片一下子就干掉。即使土壤保持湿润，暖气仍会使叶片干燥，因此务必要避免暖气直接对着植物吹。冬天浇水前，要先确认土壤的状态，插入木筷2~3小时后再取出，如果筷子上有沾黏土壤，表示土壤足够湿润，这样的状态下就不必浇水，只要喷喷叶子，让叶片保持湿润就可以了。

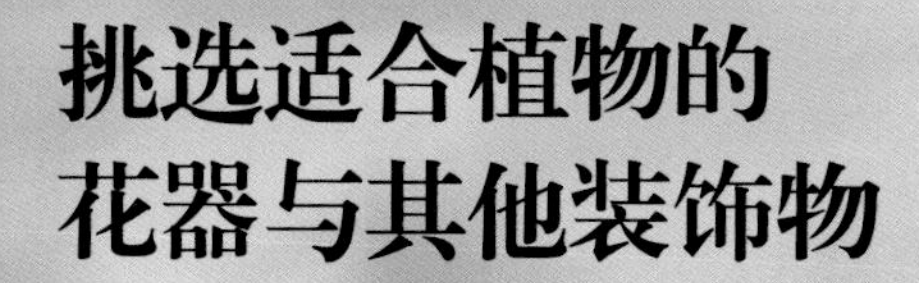

挑选适合植物的
花器与其他装饰物

挑选好符合个人需求的植物后，是时候来准备植物的“衣服”了。根据所选花器和展示方式的不同，能展现出天差地别的装饰效果。花盆的材质、颜色、形状都会影响室内设计的风格，除此之外，也要注意喜欢的花器是否适合该植物的特性，如果希望用植物布置的空间能为家中带来新气象，挑选之前，请好好阅读以下内容。

with
PLANTS
with
PLANTS

花盆

市面上有各式各样材质、大小的花盆，对于喜爱植物的人来说，选择越多元挑选起来更为有趣。以材质来分类，大致上可分为用陶器、陶瓷、塑料、石器和水泥等制成的花器。陶器的价格低廉，对初学者来说是非常好的选择；陶瓷的透气性非常好，被称为“会呼吸的花盆”，所以相较于其他材质的花盆需要更频繁浇水。不过使用久了之后，陶瓷花盆容易发霉、长苔藓，会影响外观，因此挑选时也要考虑到这个缺点。挑选适合自家空间的花盆，并考虑素材的特性和色泽，不但能享受栽种植物的喜悦，漂亮的花器也能成为家中装饰的一部分，让人非常有成就感。

▼ 市面上有各种不同材质、大小不同的花盆。

决定材质和色泽以后，下一个要考虑的问题则是花盆的大小。如果是因为植物长大了需要进行换盆作业，最好挑选比目前大1.5倍的尺寸。现在有不少人为了使用植物做室内布置，会将植物放入竹篮、布篮中装饰，因此在挑选时，要注意容器的开口大小是否能够顺利放入植物。装饰性的花盆如果太大，搬动时会不方便，尺寸太小则不美观。挑选适合的花盆和挑选植物一样重要，因为美丽的花盆就能吸引目光，也能为居家空间带来新亮点。

壁盆

这是在拥挤的室内空间摆放植物的方式之一。如果家里面的空间不足，或是想要提升整个空间里的植物比例时，最推荐使用节省空间的壁盆。市面上有各式各样的壁盆，可依据个人需求挑选颜色和形状，选购适合自己的即可。

▶ 利用壁盆将植物摆满墙面，空间看起来更清新。

▲"Macrame 编织"是一种不需要工具的结绳编织法。随着植物室内设计开始流行，此编织法也被应用在植物装饰上，逐渐出现不同的色彩和花样。

悬挂式盆栽

植物成为室内设计重要素材的今天，目前最受欢迎的花器就是"悬挂式花盆"。从前只能放在地上或桌上的植物，现在也可以吊挂于空中，提升装饰的效果。

悬挂式花盆包括不同材质以及各种样式的挂架，有用布绳挂起来的方式，有铁制的挂架，甚至还有以棉线捆绑的Macrame编织[注]。盆栽可以挂在窗帘架上，也可以挂在天花板或墙上。不过，使用悬挂式花盆时，千万不能忽视盆栽的重量，花盆、植物和土壤加起来的总重量十分可观，一定要确认钩环能够承受花盆的重量，并且将盆栽妥善固定于钩环中。最重要的是，千万不能忘记浇水，如果将盆栽挂在手触碰不到的高度，就很容易被遗忘。悬挂式盆栽枯死的主要原因就是疏于照料，所以请务必定时拿下来浇水。

[注] Macrame编织起源于阿拉伯，字源是migramah，有结绳编织之意。在线或布的底端捆线固定，再将线以各种方式编织。经常用于墙面装饰或用来将植物吊挂于空中。

直立式花器

直立式花器过去就扮演着装饰植物的角色，对于家中本来就有植物的人来说，不论大小，通常至少都会有一两盆。从前直立式盆栽外观比较制式，近来蜕变出许多具有现代感的设计，造型更加多样。国内外的设计师也推出了许多创意作品，可以在市面上慢慢挑选自己喜欢的样式。

直立式花器的优点是可以让好几盆植物在高度上做变化，让空间更有层次感，而盆架本身就是杰出的装饰品。用心挑选植物和花盆，绝对会让空间大大增色。

▼ 善用各种不同材质与样式的直立式花架来放置植物，矮花盆也能创造出新高度，营造出生动的感觉。

玻璃容器

在密封的玻璃容器或是开口小的玻璃瓶内栽种植物时，植物仍然可以接收室内微弱光线，进行光合作用，正常呼吸。瓶中植物所进行的蒸腾作用，会让玻璃瓶内产生雾气，供给土壤足够的水分，借此形成循环，因此不必打开瓶盖、不用浇水也能存活。使用玻璃瓶栽种植物不仅美观，对于不擅长栽培植物的人来说，也是很好的入门方式。

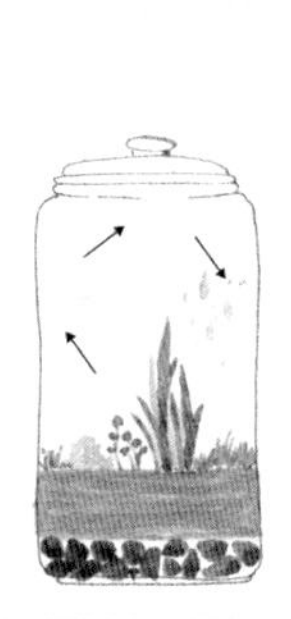

◀ 市面上有各种形状与大小的玻璃瓶，有的完全密封，有的留有洞口。购买前，请务必留意使用方式。

苔球

苔球是起源于日本的园艺技法。这种种植方法不使用花盆，而是将土和根部以柔软的苔藓包覆后捏成球形，根部再以新鲜的青苔均匀包裹起来。苔球需比一般种在花盆里的植物更常浇水，本书PART 3中将会教大家如何制作。

植物支架

栽种蔓生植物时必须使用到的支架，现在不只具有让植物攀爬而上的功能，也已经广泛运用在植物室内设计中。蔓生植物容易栽种，生长速度也很快，如果想要在自己的空间种植，只要挑选喜欢的蔓生植物和支架就可以了。挑选具有装饰效果的支架，能为家里增添独特的风格。

各种植物的栽种方式

前面已经介绍了栽培各种植物所需的基本工具、土壤、器皿和装饰品，现在要来探讨如何种植各类植物以及种植时需要特别注意的地方。依条件不同，植物的处理方式也略有差异，只要熟知以下基本原则，再依周围环境稍做变化，不管你是种植观叶植物、多肉植物、水生植物，还是空气凤梨，都能和植物一起幸福生活。

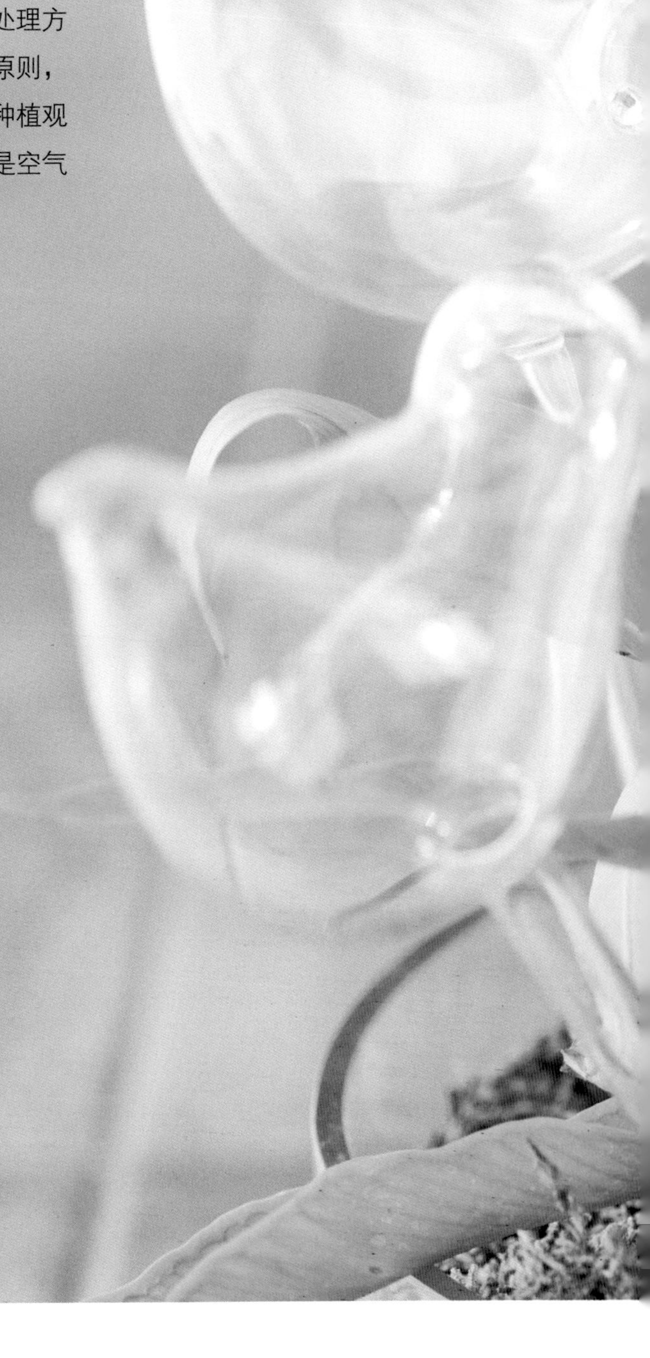

观叶植物

能在室内种植的植物，大部分都是观叶植物。在亚热带和热带地区，拥有美丽叶片、叶柄和茎的异国风常绿植物都属于观叶植物。一般来说，观叶植物的耐湿性佳，适合在室内种植。此外，热带地区的季节变化不像温带地区明显，因此这类植物的生理性变化也较少。

关于土壤

主要使用培养土，可混入少许砂土，以帮助排水。换盆的时候，可以加20%~30%的腐叶土新土，增加营养。

浇水

夏天时每天浇水为佳，冬天时则要根据室温随时检查土壤是否变干燥。浇水的时间点最好选在晴朗并温暖的早晨，浇水时要持续到花盆底端渗出水来才代表水分充足。

▲ 浇水的时间最好选在上午。

施肥

将市售的肥料稀释，三个月加一次。每种植物适合的肥料各不相同，务必研读产品说明。

病虫害

观叶植物几乎不会有病虫害的问题。要预防病虫，最重要的就是保持通风。如果室内不通风，可能会长出叶螨（俗称红蜘蛛）或介壳虫。遇到病虫害的问题时，到相关商店叙述植物生病的状况，直接向店家请教处理方式，是最快且最有效的解决办法。

多肉植物 

多肉植物是指在沙漠或高山等干燥地区生长，为了克服干燥环境，拥有肥大的茎或叶，以利于储存大量水分的植物。

土壤

只要想象沙漠或高山那样贫瘠的环境就可以了。土壤的排水性极为重要，建议使用排水性与透气性佳的砂质土壤种植或自行买回砂土与培养土，以1：1的比例混合也可以。

▲ 多肉植物以砂质土壤，或砂土和培养土混合而成的土壤种植较佳。

浇水

多肉植物的抗干燥能力强，不会轻易枯萎，但阳光和通风是必要条件。只要通风良好、阳光充足，春天和秋天时每两周浇水一次，冬天时维持室温10℃以上，20~30天浇水一次即可。种植多肉植物时，夏天是最艰难的季节，因为如果在温度较高的上午或白天浇水，水会立刻蒸发，因此最好在太阳下山后再浇水。夏天是湿度最高的季节，即使不浇水也不会有大碍，但就像其他植物一样，多肉植物也是由根部吸水，所以盆中的土壤干燥时，还是要适时浇水。

如何区分“过湿”和“水分不足”

	过湿	水分不足
主要症状	• 根部正常，但部分叶片发黄或发黑。 • 过湿若恶化成“软腐病”，病叶会腐烂、变软下垂，根部会发黑或变软。	• 整体呈现无力状态，叶片的光泽消退，变脆弱或变薄。 • 从下方叶片开始发黄或枯萎。
应对方法	• 拨松表面的土壤，把烂叶全部去除。如果情况没有好转，则需要将植株移出盆外，修理烂根后再重新种下。	• 给予充足水分后1~2天，茎叶即恢复原状。

病虫害

种植多肉植物时，最需要防范的病虫便是介壳虫。介壳虫可以在短时间内大量繁殖，如果发现它的踪迹，请立刻到药店或相关园艺商店购买安全的除虫药喷洒。

水生植物

生长于水中或水边的植物，统称为水生植物。根据水深以及在水中分布的状况，水生植物可再细分为沉水性植物、漂浮性植物、浮叶性植物和挺水性植物四类。

搭配土壤

沉水性植物整株都长在水中，漂浮性植物则是漂浮在水面上，浮叶性植物和挺水性植物都需要土壤，不过由于经常浸泡在水中，最好使用黏土栽种。

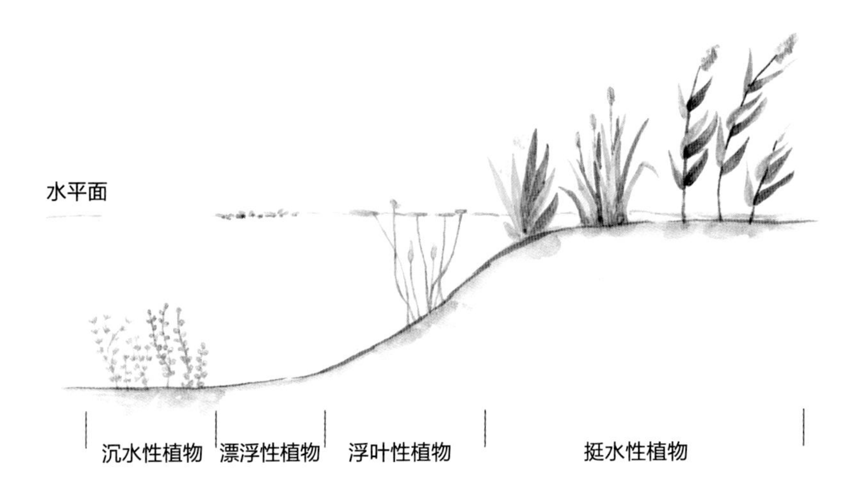

区分	特征	代表植物
沉水性植物	• 根茎脆弱、叶片小，若从水中捞出，会变成消气的气球一般。	• 狐尾草、水王孙等
漂浮性植物	• 整株大部分为叶片，带有须根。借由叶片和根吸收水中养分，拥有气囊，漂浮在水面上。	• 凤眼蓝、紫萍、大薸等
浮叶性植物	• 根茎固定在水中的土里，叶片和花漂浮于水上。	• 水莲、芡、菱等
挺水性植物	• 根部在水中的土或水边的地上，植物体较硬挺，茎部具有发达的空气管道。	• 香蒲、芦苇、莲花等

水的处理

漂浮性植物借由水获得养分，因此需要经常换水。浮叶性植物和挺水性植物只要种在泥土里、浸泡在水中就可以了，不过换水时要留下50%原来的水，另外加入前一天接好的自来水㊟。

㊟让自来水放置一天，是为了蒸发掉自来水中的氯，这个动作叫做“曝气”。

◀ 在更换水生植物的水时，要留下50%原来的水，另外加入前一天接好的自来水。

其他处理

生长快速的漂浮性植物要随时控制好数量，必要时将部分捞出。其他水生植物可以修剪叶片，预留长新叶的空间，如此一来就能长久存活。

tip 水耕栽培和水生植物的差异

很多人分不清楚“水耕栽培”和“水生植物”的差别。水耕植物是属于无土栽培的一种，原本种植在土壤里，不用土壤而改用水来种植；水生植物则是本来就必须生长在水里。种植水生植物时，可以直接观察到根部的状态和生长状况，因为不需用土，可以在室内轻松栽种，且具有装饰效果，十分受欢迎。水耕栽培需要注意保持水质干净，定期换水才能让植物健康生长。

• 能以水耕栽培的植物

以须根组成的单子叶植物、球根植物（郁金香、风信子、水仙花等）、蔬菜类（芋头、红薯、洋葱等）、部分观叶植物（常春藤、袖珍椰子、龙血树等）。

• 注意事项

这些植物大多通过根部吸收水和土壤中的养分，因此如果只用水栽培，很容易造成营养不足。除了要经常换水外，也可以加入水溶性的营养剂。

空气凤梨 

空气凤梨附生于树木，只要给予水分及阳光就可以正常生长，借由叶片上的毛茸吸收空气中的有机与无机物质。附生植物不同于寄生植物，根部只用来攀附，并不担任吸收水分和养分的角色，即使完全剪下也无妨。

空气凤梨的原生种超过500种，如果加上交配种、变异种，数量则超过1000种。因为交配容易，目前也仍在持续开发新品种。

不需要土壤就可以生长的空气凤梨，属于夜间吸收二氧化碳、吐出氧气的 CAM 代谢植物（详见P40），因此非常适合室内栽种。

浇水

由于没有根，仅在空气中吸收水分和营养，因此要经常喷水或泡水，避免干燥。喷水时，要避免在叶片之间残留水分。

施肥

几乎不需要肥料，只要经常补充水分就可以了。

▲ 将空气凤梨泡水、再取出时，要将叶片缝隙的水分清掉。

换盆&换土

换盆的作用是要让植物长得更好，只要准备好基本工具和花盆，就可以为心爱的植物搬家。挑选要换盆的花盆时，最好选择比现有容器大1.5倍的尺寸，对植物来说，充满营养的新土和足够根部生长的花盆，将会是更好的生长环境。首先，请将现有盆中的土稍微挖出后，按照以下的步骤，着手换盆作业吧！

准备物品 要换盆的植物、新花盆（比现有的大1.5倍）、椰纤片、砂质土壤、培养土、碎石、铲子、浇水器、剪刀

做法

1. 将植物从花盆中取出，并把沾上的土适量抖掉。
2. 剪一块比新花盆排水孔稍大的椰纤片，盖在排水孔上。
3. 铺上一层砂质土壤，帮助排水。接着放入植物，调整好位置后再放入培养土。
4. 最后在表面放上碎石即完成。
5. 浇水的量要足够，让根部也能充分吸水。

1

2

3

4

5

了解适合自己的植物和照料方式之后，相信你已经具备基本的园艺知识，现在可以开始尝试用植物装点室内空间。布置时，第一件事要考虑植物的外形和空间，才能进一步设计出自己喜欢的风格。用植物做室内装饰没有正确答案，初学者可以使用本章节中所介绍的内容当作基础，先尝试看看各种搭配，再慢慢找出自己独有的风格和色彩。

PART 3

立刻提升质感!

亲手打造
谁都不想离开的
居家空间

享受被绿意环绕的疗愈角落

用绿意装饰小角落，打造自己的疗愈空间！

在桌面、柜子上等处摆放喜爱的绿色盆栽，就能营造出空间的亮点。如果你已经开始在居家或办公室里摆放喜欢的植物，不妨更进一步创造出自己的风格。善用不同类型的植物制作出表达个人特色的小盆栽，甚至亲手打造一个专属于自己的小庭院，增添生活中的幸福感。

专属于自己的小庭院——多肉植物

将各种多肉植物种在同一个大容器中，就能营造出世界上最迷你的缤纷庭院。将颜色丰富的多肉植物相互搭配，放在卧室里的边桌角落或放在餐厅里的餐桌正中央，都可以当作色彩华丽的装饰品。注意，多肉植物需要光照，务必要置于阳光充足的地方。

材料

花盆、椰纤片（或滤网）、砂土、培养土、轻石、装饰石、多肉植物、镊子、剪刀、毛笔、汤匙

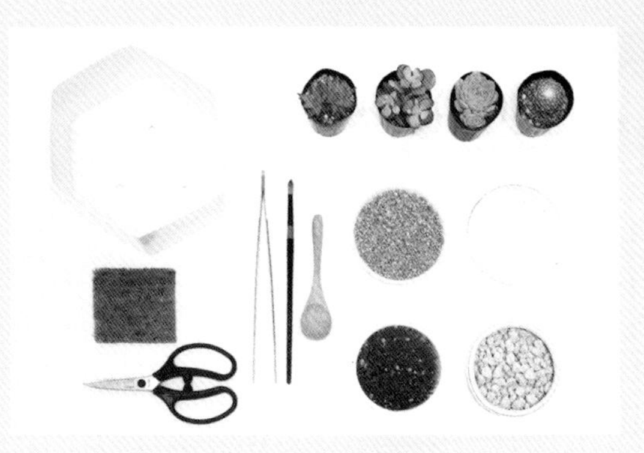

做法

1 将椰纤片放到花盆底部，避免土从底下的洞洒出来，接着覆盖一层轻石。

2 将砂土和培养土混合，放入花盆至四分之三满。

3 取出多肉植物，将根部的土抖掉后，把根部较长的部分剪去约二分之一的长度。

4 用镊子将最高的重点植物放在花盆正中间。

5 以重点植物为中心，周围种其他不同颜色与形状的植物。

6 最后放上装饰石。

7 用毛笔将叶片上沾到的土石刷掉。

1

2

3

4

5

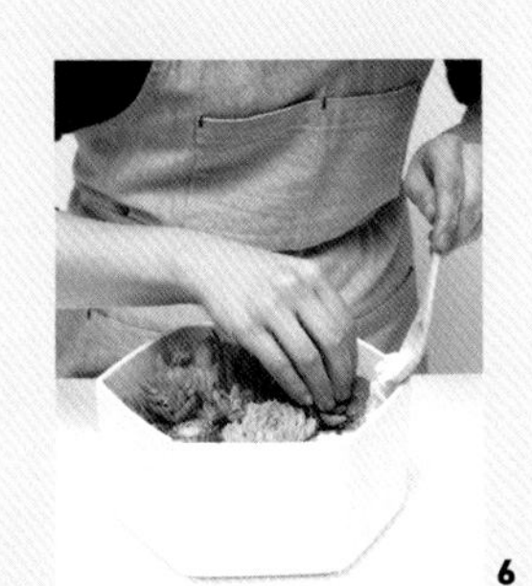
6

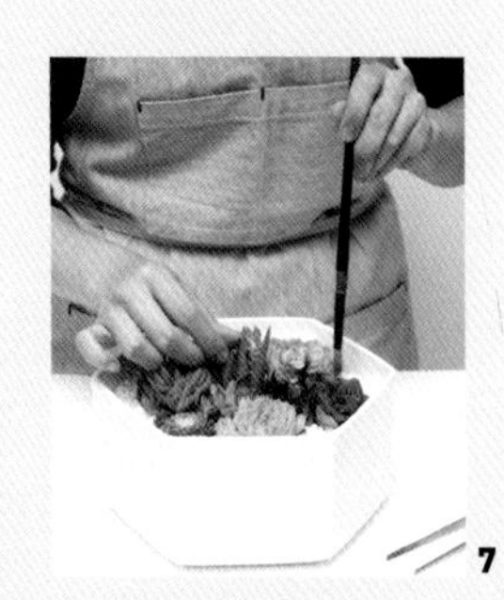
7

展现独特氛围——
苔球

苔球是以柔软的苔藓包覆植物根部和土，并捏成球状的种植方式，源自日本的园艺技法。因为外层是由青苔包覆而成，所以加湿效果佳。小巧可爱的苔球，不管是放在小盘子上或是用吊挂的方式呈现都独具魅力。

材料

植物、青苔、土、钓鱼线、剪刀、镊子

做法

1 将植物充分浇水，让土壤湿润。

2 让青苔泡水，使其湿润。

3 将青苔取出，并摊开平放。

4 小心将植物从容器中取出，用容器内剩下的土包覆住植物底部并做成圆球状。

5 再用青苔轻轻包覆底部。

6 剪取适当长度的钓鱼线并均匀包覆，仔细固定好即完成。

清凉的夏天——水生植物庭院

水生植物可以生长于开放式玻璃容器㊟和一般花盆中，尤其适合在炎热的夏天里放置于室内，能带来清凉的感觉。由于容易照料，在室内装饰植物中拥有高人气。

㊟ 玻璃材质的花器可以分为两种，一种是封闭式，另一种为开放式。封闭式玻璃容器可创造出近似热带雨林的环境，因此能够在内部自给自足；而开放式玻璃容器不需要维持湿度，内部环境也不是自给自足的生态系统。

材料

玻璃容器、植物、轻石、水苔㊟、木炭、培养土、砂土、装饰石、青苔、镊子

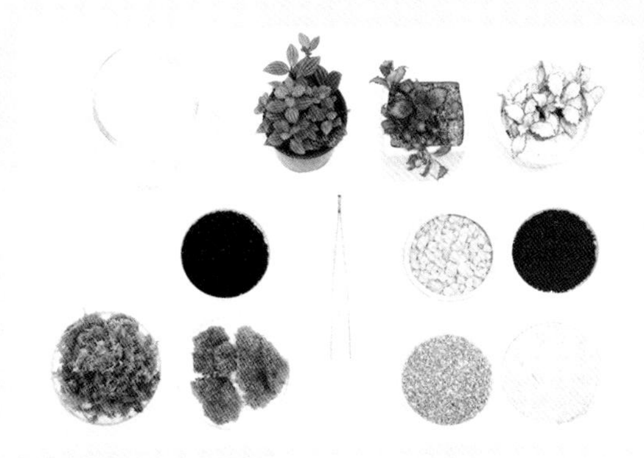

㊟ 水苔是一种天然的苔藓，材质柔软，吸水力极强，排水性及透气性佳，常用于水生植物的栽培。

做法

1 用手或铲子将轻石放入玻璃容器中。

2 在轻石上方铺一层薄水苔，避免土壤（培养土和砂土）陷下去。

3 在水苔上铺一层木炭。

4 在木炭上薄薄地铺一层培养土。

5 取出植物，用镊子辅助，小心放入玻璃容器中。

6 最后再摆上砂土、装饰石和青苔等即完成。

让墙面生机盎然——空气凤梨相框

这是以空气凤梨制作而成的装饰品，可以直接放在桌面上，也能做成相框挂在墙上。由于空气凤梨不需要土就可以种植，能够发挥完全不同于一般盆栽的创意，装饰的效果绝对超乎想象。

材料

木板、钉子、锤子、剪刀、钓鱼线、空气凤梨

做法

1 依照想要放上空气凤梨的位置，在木板上钉上钉子。

2 剪取适当长度的钓鱼线，在钉子之间做出连接，形成固定植物的线。

3 将主要的空气凤梨固定于线段之间。

4 再将其他空气凤梨固定在附近即完成。

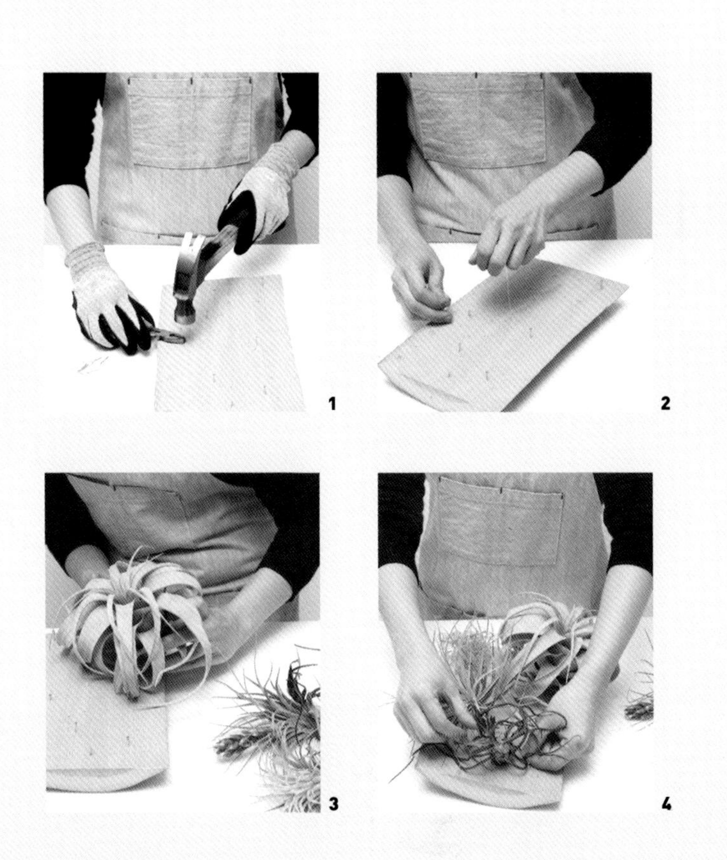
1 2 3 4

风格多变的绿色素材——切花

切花是指从植株上剪下来的花或枝叶，用来插瓶或制作捧花等装饰。切花可以将不同的植物混合运用，因此会比单一植物看起来更为华丽。想要营造优雅或简洁的氛围时，可以只用一两种植物，以植物本身的线条和色彩作为装饰重点。切花的生命比一般盆栽短暂，较适合在婚礼或宴会等特殊日子使用。

材料

各季绿色植物、剪刀、玻璃容器

做法

1 准备一个干净的玻璃容器。

2 将会沾到水的部分叶片修剪掉。

3 将茎的底端斜切。

4 单手握住每一株植物的茎，使其聚成花束状。

5 玻璃容器加水后，放入花束。

6 若希望延长瓶插寿命，建议每天都要换水。

1

2

3

4

5

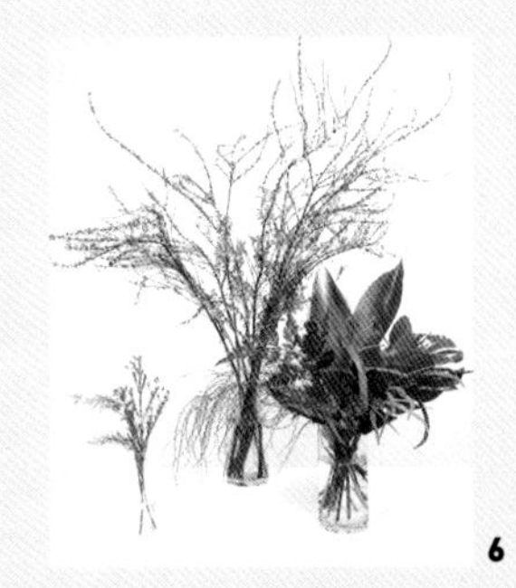

6

新手也能轻松上手，植物布置三大要点！

开始以植物做室内布置时，首先要了解植物营造出的感觉，才能依照空间正确挑选植物。以植物做室内装饰的重点大致可以分为以下三大项：植物的外形、质感和色泽，以此为基准，便能成功达到自己期望的效果。这三项要素缺一不可，只要少了任何一项，就无法达到装饰的成效，过多的摆设也有可能让视觉上过于纷乱复杂，务必要掌握植物与空间之间的平衡。

with
PLANTS

塑造空间形象的植物外形

每种植物的外形不尽相同，各有不同的美。只要能加以区分，在组合各种植物的时候，就能想象摆放在一起所传达出的氛围，打造出理想风格的庭院。挑选的时候，也要留意植物在各生长阶段会出现的变化。

树木型

这是一般人所熟知的基本树木形状，茎部只有树干，树冠的部分则叶片茂盛。种在室外可以让植物自由生长，但若种植在室内，建议要定期修剪。大部分树木型植物的高度 1~2 米，家里需要较高的植物时，多数会挑选这个尺寸。基本上，这种外形的植物和各种植物都很好搭配。

整体茂盛型

根部冒出许多茎叶的椰子树就是这个类型，大部分的热带植物也属于此类，特色是叶片的部分特别茂盛，极具存在感。这类植物喜好水，调节室内湿度的效果也很好，兼具功能性与装饰性，应用于室内摆设，可以带出清新又清凉的氛围。

直线型

这是叶片退化、只剩下茎部的植物种类。特点是非常容易照护，且受欢迎的种类繁多。想要打造简洁利落的现代居家感时，最推荐使用这类植物来装饰。

攀爬型

想要营造蓊郁的森林感或是打造空中花园，最推荐这类爬藤植物。因为成长快速，外形以自由的方式生长，摆上一株就会感受到绿意。搭配几何形的支架种植，更能展现独特的氛围。

放射型

简单来说，这类植物外形就像花朵一样，往外呈放射状散开生长，大部分的多肉植物都属于这类。但是，翠绿龙舌兰、苏铁等植物则是向四面扩展生长。在以植物为主题的室内装饰中，放射型植物向来担任重点角色。

营造气氛的植物质感

即使是外形类似的叶子，也会因叶片厚度、有无绒毛㊟等因素而呈现出不同的质感。什么是植物的质感呢？例如给人清新、梦幻或者是沉稳的感受，都是植物本身带有的“质感”。

如果你心中已经有想要的居家氛围，最好依植物的质感来挑选，例如想要营造浪漫的氛围，就选用细柔、带有梦幻感觉的植物。

㊟ 绒毛指植物叶片表面的细毛或鳞芽等产物，具有保护作用。

梦幻感

芦苇或芒草等带毛或叶片细薄的植物，展现异国氛围的效果十分卓越。

沉稳感

植物的质感通常通过叶片来呈现，而叶片厚实且带有光泽的橡树、苏铁和大型多肉植物，让人感觉特别沉稳。

带出感觉的植物色泽

不同的植物以及植物的各个部分都会呈现出不同的色彩效果，绝妙的色彩搭配可以营造出不同的空间效果，例如鲜嫩明亮的草绿色、深邃的墨绿色、灿烂的红色和简洁的白色等。善用植物的天然色彩，结合不同的空间用途，能带给人们明亮或温暖的感受。

嫩绿色系

绿萝、洋绣球、黛粉叶、常春藤、文珠兰、大果柏木等

深绿色系

圆盖阴石蕨、美丽粗肋草、白脉椒草、绿钻蔓绿绒等

红色系

吉祥粗肋草、耳坠草、红背竹芋、红网纹草、紫背万年青等

白色系

空气凤梨、棉毛水苏、白网纹草、垂榕等

植物陈设实例①

融合植物的室内设计提案

善用前面介绍的三项要素，就能为空间营造出大不相同的感觉。这个单元将会介绍植物室内设计界中较受欢迎的四种风格——现代风、热带风、地中海风、都市丛林风。现在，我们一起来看看用植物改造空间的神奇吧！

现代风

想要呈现现代风，最好选用树形利落的植物，花器的颜色也要选择现代感的色调，更能突显简洁的氛围。现代感设计永远不退流行，且每个季节都适合，如果希望看不腻又能长久摆放，建议可以尝试打造有质感的居家现代风。

利用旅人蕉、丝兰、仙人掌等各种大小、形状不一的植物来搭配，就能够带出现代感。花器选用灰、白等颜色，单色系显得更利落。

热带风

用于室内装饰的植物中，有许多都属于热带植物，因此想要呈现热带风并没有想象中那么困难，秘诀就在于选用叶片较多的植物。热带风最能够呈现清新、凉爽的氛围，因此非常适合夏天。

用散尾葵、文竹、波士顿肾蕨、竹芋、鹤望兰来组合，就会带出东南亚岛屿般的热带风情，如同上图中右下角的波士顿肾蕨，刻意搭配带有清凉感的竹盆，更能凸显热带气息。

地中海风

打造一个地中海风的庭院，在家就会有度假的感觉。地中海风的特点是使用柔和的颜色，并且结合木头与其他天然素材，使用陶器或土制的花盆，能让氛围变得更放松。地中海风能展现悠闲感，如果不知如何挑选或所在地不易购得这类植物，可考虑改用大型香草植物。

使用迷迭香、八角金盘、蓝桉、苏铁、薰衣草等植物装饰，感受宛如置身于地中海一般，沐浴于暖暖阳光之中的乡村里。

都市丛林风

在营造都市丛林风时，一般常将各种植物垂吊于天花板，如果同时在地面搭配适合的植物，更能增加密度，视觉上的层次感更丰富。这个风格需要同时栽种多种植物，必须细心管理，才能长久维持热闹繁荣的景象。

摆放观音竹、尖尾芋、竹芋、波士顿肾蕨、美人蕨、一叶兰、雪佛里椰子、常春藤等室内植物后，可以在墙面挂上空气凤梨，营造出浓密的丛林感。

植物陈设实例②

居家空间和商业空间的改造计划

目前为止所探讨的内容都是为了让生活质量更好的基本知识，我们已经学会园艺的观念及用植物布置的要素。现在，就来正式动手用植物装点居家空间吧！将植物摆放在适当的地方，既能增添生机与活力，也能打造清新疗愈的氛围，让家里的每一个角落都变得舒适自在。

小公寓的基本植物布置

这里以夫妻和孩子居住的 66~100 平方米公寓为范例，让我们看看要如何根据居家环境来配置不同功能的植物。依照该空间的用途来摆放适合的植物，不仅美观，还能提升本来的空间功能，达到净化空气、消除臭味等功效。

· 厨房

用餐空间可以摆放大型盆栽和小装饰，窗边则可以打造成香草园。

鹤望兰、琴叶榕、常春藤

· 书房

只要摆放净化空气的植物，加上一张舒适的沙发，就是完美的书房。

印度榕、垂榕

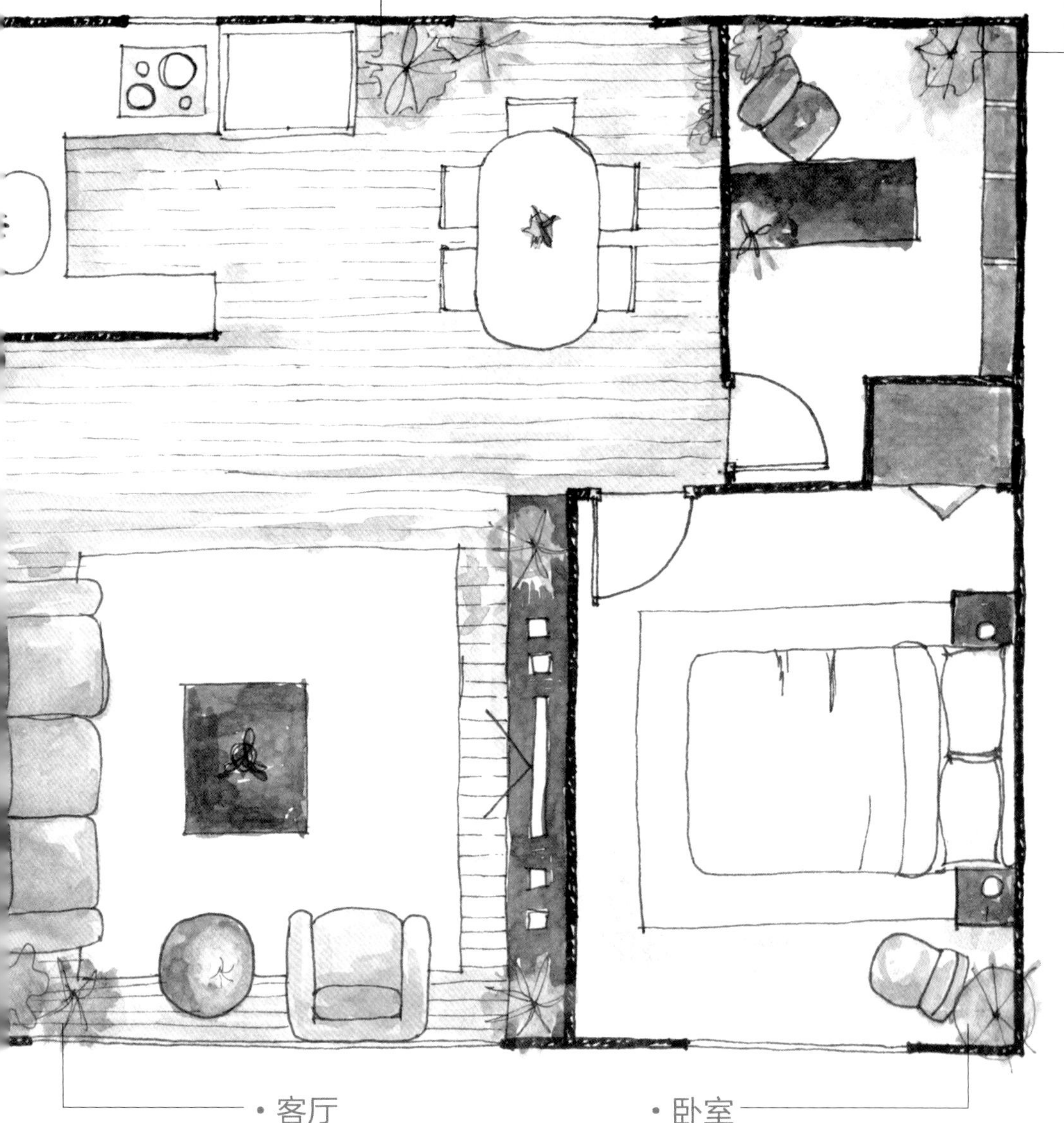

· 客厅

宽广的空间可以大胆尝试体积大又茂盛的植物。

散尾葵、番仔林投

· 卧室

边桌可以摆放蝴蝶兰、虎尾兰等CAM代谢植物。

蝴蝶兰、虎尾兰、羽裂蔓绿绒

卧室 Bedroom

卧室是用来休息的空间，对每个人来说都十分重要。有植物的卧室，不但能净化空气，同时更有绝佳的美化效果。在边桌上摆放一个小盆栽或以多种植物营造丛林风，让你的卧室成为一个能够安心休憩的场所，每天都在充满绿意的空间醒来，迎接全新的一天。

配置

在卧室放置植物时，放在哪里效果最好呢？建议可以从床头柜、床边桌、墙上层板、化妆台等地方摆放小盆栽开始。如果卧室的空间较大，也可以尝试摆放大型植物。

▲ 用各种仙人掌，为空间带来不同的色彩。

▲ 以延伸的枝叶装点层板和桌面，搭配 Macrame 编织装饰墙面，带出温暖感的氛围。

光线

如果卧室光线不足，最好选择半阴性或阴性植物。相对来说，光线充足的卧室，能够选择的植物会更加多样，可以做出不同变化。

隐私

如果卧室里的窗面较大或是拥有一扇落地窗，为了保证隐私，建议在窗边放悬吊式植物或在地上摆放数个盆栽，避免窗帘拉开时被邻居看见。摆放高大的植物阻断视线，也是不错的办法。

◀ 如果空间不足或担心室内环境不适合种植植物，可以从在桌面摆放小盆栽开始尝试。

上图　由左至右依序是雪叶木、多肉植物、眼树莲

下图　万年青

▲ 如果希望保证隐私，可以在窗边放悬吊式植物或摆放数个盆栽。上图由左至右依序是杯盖阴石蕨、肾蕨、铁线蕨。

客厅 Living Room

客厅既是家人安心休息的地方，也可能是招待三五好友的场所，或是全家聚集在一起的共同空间，同时具备多种功能，因此通常是家中最宽敞的地方。客厅里可能有沙发、桌子、收纳柜等家具，因此与其一开始就购买许多大型植物，不如先用一些盆栽来画龙点睛。先找出不影响生活动线的角落或墙面空间，摆放装饰性强的植物，只要这么做，家里的样貌马上焕然一新！

配置

在整个家的空间配置中，客厅是最适合摆放大型植物的地方，因此若空间足够，建议摆放一两种大型植物。即使空间较为狭小，在窗边或墙面放较高的植物，视觉上就有让空间变宽敞的神奇效果。如果希望用多种植物做装饰，可以从墙面下手。沙发旁或柜子上也可以摆放植物，或在层板上摆放几个小盆栽。如此一来，即使面积不大，也能和多种植物一起生活。

边桌桌面

以多肉植物盆栽当作主装饰或使用吸睛的玻璃盆栽都是很好的创意。此外，将两三个小盆栽组合在一起或在玻璃盘上摆几个紫花凤梨，装饰效果极佳。

▶ 上图　在客厅桌面将矮玻璃容器、紫花凤梨和玻璃饰品组合摆放。

下图　以多肉植物盆栽当作主装饰，搭配小型玻璃盆栽和苔球植物。

▲ 在层架上摆放白色仙人掌和丝苇，并以大型的红边竹蕉作为空间的重点。

▲ 利用鹤望兰、丝兰、竹芋和绿萝装饰角落空间，搭配沙发后方的挂画，让客厅的整体氛围变得舒适协调，丝毫不显得拥挤。

▲ 如果希望用数个小植物装饰，可以在沙发后方架设层板，并放置植物，善用墙面上的空间。

厨房 Kitchen and Dining Room

厨房是用水的空间，特别适合种植植物。植物在厨房里也扮演着各式各样的角色，不仅陪伴全家人用餐、招待客人，也帮忙消除烹饪时可能会产生的有害气体，甚至可以将植物加入食物之中。在如此多用途的厨房里摆放植物，可以达到健康、活用和观赏的三重效果。

◀ 放在厨房里的植物既有装饰效果，还能去除粉尘、作为食材，功能十分多样。在餐桌上摆放漂亮的玻璃植物，可以作为重点装饰。

配置

如果厨房和用餐空间分离，可以利用空白墙面和角落摆放植物，打造小庭院。如果窗边有空间，可以摆放爬藤植物，餐桌则可以利用装饰效果佳的玻璃植物。在特别的日子与家人或朋友用餐时，建议可以换成切花等其他风格的植物，营造节日的独特氛围。

▲ 上图左　以杯盖阴石蕨、常春藤和豹纹竹芋搭配，摆放在厨房操作台旁。

上图中　在特别的日子，以小植物和叶片装饰餐桌。

上图右　在阳光充足的窗边种植香草，不但在洗碗时可以闻到香气，烹饪时也可以直接使用。由左至右依序是：合果芋、千叶兰、薄荷、薰衣草、迷迭香。

净化空气和食材活用

如果厨房窗边的阳光充足，除了可以放小盆栽外，还能用吊挂的方式种植香草或蔬菜，需要调味料时可以直接取用。如此一来，厨房不再是乌烟瘴气的地方，还会变得生机盎然。

浴室 Bathroom

浴室是我们每天都会频繁使用但却不太会特别布置的地方。其实，只要稍微用点心思利用绿色植物来装饰，每天刷牙、洗脸或沐浴时，都能让你的心情变得愉快。浴室适合喜欢高湿度环境的阴性植物，摆放一两种小盆栽，就能感受到完全不同的氛围。

配置

在浴室找空间放盆栽并不困难，小花盆、置物架、窗边都可以尝试，尤其挂在天花板是最受欢迎的方式。比起体积大的植物，向上生长或爬藤植物更适合放在浴室里。注意，即使是阴性植物，仍旧需要光线，因此，放在浴室里的植物不要忘了经常拿到外面晒太阳，才能保持健康生长。

去除异味和净化空气

在浴室摆放除氨效果卓越的观音竹、麦门冬等，可以达到去除异味和净化空气的效果。

◀ 左图　在牢固的墙面或天花板钉上挂钩，就可以将植物吊挂起来。

右图　洗手台附近可以摆放能够去除异味的观音竹或波士顿肾蕨。

▲ 利用在潮湿空间也能好好生长的白鹤芋、绿萝和常春藤等植物，打造绿意盎然的浴室。

▼ 书房是最能展现个人风格的空间，可以善用书本或画作搭配植物做出创意装饰。下图中选用了易于照顾的如意凤梨、袖珍椰子、印度榕和除尘效果佳的紫花凤梨。

书房 Study Room

家中的书房或工作用的小办公室，是让我们集中精神并且获得灵感的地方，在这个空间里摆放适当的植物，会让工作或读书的效率更佳。长时间读书或看着计算机屏幕，不免会感到厌倦，如果能在用功之余看见清新的绿色植物，不仅可以让疲惫的身心获得安定，灵感也会源源不绝。

配置

书房的空间通常不大，在小空间摆放自己喜欢的装饰品和植物，让你拥有更舒适的学习环境。埋头于学业或工作时，偶尔望向摆放植物的个人专属艺术墙，就能够获得喘息。

◀ 桌面和墙上的层架都是适合摆放植物的地方，只要摆上自己喜欢的书籍和植物，就能完美展现主人的风格。不妨挑一本封面漂亮的书或画册，搭配袖珍椰子、仙人掌、紫花凤梨等植物装饰。

小套房 Studio

面积不大，但是厨房、浴室、客厅、卧室功能一应俱全的小套房，所有功能都被浓缩在一个小空间里，要找到地方摆放植物，并不是一件容易的事。这种情况下，相较于大型植物，在层架上摆放几个小盆栽或前面推荐过的悬挂式盆栽，都是解决空间不足问题的好办法。通过这些节省空间的诀窍，让一些租房的上班族也能在都市中拥有自己的小型庭院。

▲ 上图　小空间用层架的效果最好。图中使用了仙人掌、多肉植物和眼树莲。

► 下图　挂上植物后，再摆上植物画作，富有巧思的空间装饰就完成了。

▲ 如果还是想要在空间狭小的套房中放大型植物，外形简洁、不太占空间的仙人掌最为合适。

商业空间 Retail Space

最后要介绍给大家的不再是以每日生活为主的居家空间，而是咖啡店、艺廊、民宿等风格强烈的商业空间。许多工作室和咖啡店都以植物作为室内装饰的主轴，由于商业空间的天花板高度比较高，相对来说，能运用的材料也比居家布置更为多样，可以做更多大胆的尝试。

◀ 不同于一般居家空间里的卧室，这家民宿的客房全以植物为设计主轴，不但在整片墙面铺上木板，做成适合绿色植物的背景，更在床头上方架设了层板，以摆放各种植物。住在这样的房间里，每天一睁眼就能看见绿色植物，一定会有好心情。

▲ 即使是民宿里空间较小的双人房，也可以利用墙上的空间，在层板上摆放植物，氛围立刻变得不同。

首尔特色咖啡店：The Little Pie

一张大桌子占据了正中心，客人的座位就这样围绕着桌子。桌子上方以玻璃罐仙人掌、吊挂玻璃球、空气凤梨等植物装饰，带出有些神秘的风格。

店家信息

The Little Pie

位于梨泰院，一家专门制作“派”的餐厅。

营业时间 | 11:00～23:00，无休

地址 | 首尔市龙山区绿沙坪大路46街5号

前往方式 | 地铁6号线绿沙坪站2号出口，步行5分钟

首尔特色咖啡店：Mesh

即使工作区的面积不大，仍可以用充满个性的植物在小空间营造出冬天的氛围。图中的植物分别是木花、山毛榉、落叶松。

店家信息

Cafe Mesh

位于圣水洞，售卖自家烘焙的单品咖啡。

营业时间 | 10:00~18:00，周日休

地址 | 首尔市城东区圣水洞1街685-307

前往方式 | 地铁2号线纛岛站2号出口，步行8分钟

首尔特色咖啡店：Cafe Column

用既有的干枯白桦树树枝搭配紫花凤梨装点出一个小庭院。地面搭配草皮并刻意做出高低隆起的设计，呈现出自然而简洁的感觉。

店家信息

Cafe Column

位于圣水洞，由仓库改建而成的咖啡厅，同时也是一家艺廊。

营业时间 | 11:00～23:00，无休

地址 | 首尔市城东区圣水洞2路78号

前往方式 | 地铁2号线圣水洞站3号出口，步行5分钟

特色商店：CUEREN

巧妙利用玻璃窗前的狭长空间，打造出一个迷你小庭院。这里其实是让客人试穿鞋子并拍照的空间，以草地、碎石、火山石和多肉植物组合而成。

店家信息

CUEREN

售卖手工皮鞋的店家，此为梨泰院概念店。

地址 | 首尔市龙山区绿沙坪大路40街39-4

前往方式 | 地铁6号线绿沙坪站2号出口，步行8分钟

植物陈设实例③

四季&节庆的室内设计提案

开始与植物一起生活的你，如果想要更多变的装饰空间，那就在季节变换、生日、圣诞节等特殊节日时，利用植物做出符合节庆的气氛吧！在一成不变的日常，只要稍微改变植物的排列，不但可以感受到季节的变化，还能为家中增添喜庆气氛，让大人小孩一起快乐迎接节日的到来。

迎接春天的新装风

春天是最适合植物的季节，即使是平常不特别喜爱植物的人，在春天到来的时候，也可能会买上一两株盆栽来改变心情。接下来，就让我们一起尝试充满春天气息的植物装饰吧。

厨房花园

新芽涌现的春天，就用散发淡雅香气的香草装点厨房吧！视觉与嗅觉能够享受到迷人芳香，烹饪时也能直接入菜，可说是一石三鸟的好选择。可以直接购买小花盆或使用干净的果酱罐、玻璃瓶当作容器，也有不错的美化效果。

餐桌装饰

春天招待客人时，不妨发挥巧思，用植物或切花来布置桌面。在餐桌上或餐具旁边加上绿意陪衬，能让食物风味和用餐气氛变得更加美好。

◀ 将百里香、柠檬香蜂草、苹果薄荷、薰衣草等香草植物种在一起。

▼ 大片的叶子可以用来当作餐桌的装饰桌垫。

▲ 专属于自己的夏天休憩空间。用鹤望兰、丝葵、雪佛里椰子、一叶兰、竹芋等热带植物，营造出凉爽的绿意空间。

迎接夏天的凉爽风

夏天是最能突显植物室内装饰效果的季节。在炎热的夏天，草绿色的叶片可以带来清凉感，即使只使用少许植物，也能让家里变成舒适自在的疗愈空间。

清凉的度假胜地

热浪来袭的夏天，看着火辣辣的太阳，有时只想待在家里避暑。想度过一个清凉的夏天，除了猛开冷气，其实只要用一些简单的盆栽或花草，就能让家中产生清凉感，仿佛身处绿荫之下。除此之外，摆设几种热带植物，就能将家里布置成海岛风，在家就有度假的感觉。

水生植物装饰

在透明容器中放入漂亮的水生植物，挂于墙面上，不仅节省空间，装饰效果也很好，还能为炎热的夏天带来降温效果。

▶ 使用透明挂钩吊挂玻璃瓶水生植物，让墙面呈现出清凉感。

迎接秋天的恬静风

不同于春天的欣欣向荣、夏天的热情如火，秋天有一种独特的温婉气息。如果能够善用干燥的花卉素材以及秋季的植物果实，就能营造秋日特有的恬淡氛围。

芦苇装饰

试着用各式莎草科植物，挑战秋天风格吧！另外加上几种漂亮的干燥植物，就能赏玩一整个秋季。

万圣节装饰

如照片中使用南瓜和干树枝，就能打造出简单利落的万圣节装饰。

▲ 善用南瓜、树枝等植物素材，在天花板上使用缎带装饰，打造出现代感风格的万圣节布置。

迎接冬天的圣诞风

说到冬天的节日，大家一定会马上联想到圣诞节。每当到12月，尤其是天气转冷之后，就可以开始着手圣诞节的布置，将带有圣诞风格的小物搭配植物，装点家中的每一个角落，空气中会立即充满幸福感，即使每天的生活都很忙碌，也能随时感受到温馨的节日气氛。

圣诞风装饰

可以直接在家中摆一棵传统圣诞树或将家中的小盆栽加上一两种圣诞装饰，同样能营造浓浓圣诞风。在玻璃容器中放入紫花凤梨或迷你圣诞树，再加上一点灯光，摆放在餐桌上，绝佳的圣诞节植物摆饰就诞生了。

◀ 用多肉植物做成围绕蜡烛的植物花环，可以当作圣诞大餐的主装饰。

▼ 在云杉和迷你圣诞树之间摆上几个小蜡烛，成为家里一个疗愈心情的小角落。

冬天雪白风

冬天的另一个重点，便是白皑皑的雪。虽然有些地方很难见到下雪，仍可以在室内打造出雪白美景。只要用白色棉线制作而成的Macrame编织装饰墙面，搭配白色或透明容器盛装的植物，温暖纯净的冬天雪白风就完成了。

▲ 利用干树枝、木棉花搭配透明与白色的玻璃饰品，打造出充满现代感的冬日风格。

附录1

植物布置 Q&A

附录2

植物小百科

Q1

出国度假或长途旅行回来后，植物的状态都变得不太好。这种时候，该怎么处理才好呢？

A　如果不在家一星期以上，植物很容易干枯。出门前要先浇足充分的水，并使用自动浇水器（一种将渗水头插入土中，把饮水线头放入储水器中，即可根据土壤湿度自动浇灌的工具）。当盆内的土变干燥时，会因渗透压的作用，让其内部的水流出。如果不想购买自动浇水器，也可以在花盆旁边准备水桶，并将厚棉线放入土中，连接土壤和水桶即可。

Q2

已经将植物放在阳光充足的地方，也常浇水，但叶子还是变黄了，这是为什么呢？该怎么处理？

A　叶子变黄的主要原因通常是水分过多，不过每种植物不尽相同，无法直接断定，务必要确认水分是否完全渗入土壤。每种植物的特性都不同，新手要先确认该植物是否喜欢保持湿润的土壤或偏好完全干燥后再浇水。

Q3

我最近刚搬新家，有没有什么植物能去除新房子里的异味？

A　刚装修好的屋子，可能会散发出挥发性有机物质（苯、甲醛、甲苯、丙酮等），吸入这些物质会影响健康。本书中介绍的所有植物，基本上都能帮助去除有害气体，尤其推荐散尾葵和观音竹，这是经过NASA认证的植物，净化空气的效果卓越。

Q4

在家中种植植物，一定要放在阳光充足的窗边吗？

A　首先要确认自己种的植物是阳性、半阳性、半阴性还是阴性植物（请见P62），不过即使是阴性植物，也还是需要阳光。假如无法放在窗边，也要选择明亮的地方。要特别注意的是，如果将半阳性、半阴性植物整天放在阳光直射的地方，反而会伤害其叶片。因此，窗边未必是最好的摆放植物场所。

Q5

浇水是否有最佳时间点？要浇多少才刚好呢？

A 在阳光强烈的夏天，清晨或太阳下山后浇水是较好的时间点，若在其他时间浇水，叶片可能会因为水滴而受损。在寒冷的冬天，则要在太阳强烈的正午之前浇水，这是因为冬天晚上的气温很低，如果晚上浇窗边的植物，植物可能会因根部受寒而死。

Q6

夏天的空调凉风会影响植物吗?

A 夏天十分闷热，不少家庭几乎全天候都开着空调，注意不可让空调直吹植物盆栽，否则会使水分蒸发速度加快，导致叶片枯萎。关掉空调后，密闭的空间就会产生湿气，成为容易滋生霉菌的环境。植物和土壤也会长霉菌，因此，务必让空间保持通风。必要时，善用吹风机也是不错的方式。

Q7

每次在夏天种植植物总是枯死，让人好伤心。可以推荐我一些适合炎热夏天的植物吗?

A 夏天的温度高，植物的蒸腾作用强烈，基本上每天都要浇水。不过，多肉植物喜好干燥的土壤，在湿度高的夏天浇水，反而容易让其淹死。水耕植物最适合在夏天种植，只要记得经常换水就可以了。

Q8

冬天植物在暖气房，应该如何照顾?

A 暖气通常是由上往下吹，而冬天是植物的休眠期，在室内不易生长，大多维持现况或会落叶，所以不必经常浇水。“不必经常浇水”不代表“完全不需浇水”，植物仍需要水分，尤其在开暖气的室内，空气十分干燥，有时就算花盆里的土已经保持湿润，叶片也容易干枯，因此，叶片要经常喷水。但是不要因为叶片干燥就不断浇水，水分过多会导致植物难以生长。

Q9

冬天的植物似乎很容易冻死，可以推荐我适合寒冷冬天的植物吗?

A 几乎没有任何室内植物能忍受零下的温度，如果摆放植物的地点温度过低，最好移到温暖的环境。种在室外的植物，因为有地面的地热，即使茎结冻，根部也不会一起结冻；但在花盆中生长的室内植物，会全然接收外部的冷空气，根部也会结冻。虽然耐寒的常春藤有时可以存活，但最好还是一开始就放在温暖的地方。

Q10

因为方位的关系，家中几乎接收不到自然光，可以推荐我能够在无光线环境生长的植物吗?

A 没有植物能在零光线的地方生长，即使是阴性植物，也需要间接光线。如果室内的光线不足，可以每天用明亮的LED灯照5小时以上，白鹤芋、绿萝、轮叶紫金牛等都是不错的选择。

附录2

植物小百科

蟹爪兰

学名 *Zygocactus truncatus* **科名** 仙人掌科

光线 半阴地
浇水 春、秋 每周一次
夏、冬 每月一次
温度 21~25℃ / 最低13℃

——

11~12月会长出红花。

观音棕竹

学名 *Rhapis excelsa* **科名** 椰子科

光线 各处皆可
浇水 平时 表面土壤干燥时
冬天 土壤完全干燥时
温度 16~20℃ / 最低5℃

——

生长速度缓慢，对抗病虫害能力强。

擎天凤梨

学名 *Guzmania dissitiflora* **科名** 凤梨科

光线 阴地
浇水 表面土壤干燥时
温度 21~25℃ / 最低13℃

——

抗寒性稍弱，要做好遮光。

巨人柱

学名 *Carnegia peruvianus* **科名** 仙人掌科

光线 阳地、半阴地
浇水 保持干燥
温度 最低5℃

——

要避免根部浸湿。

鹤望兰

学名 *Strelitzia reginae* **科名** 旅人蕉科

光线 半阴地、半阳地
浇水 平时 表面土壤干燥时
冬天 土壤完全干燥时
温度 21~25℃ / 最低13℃

——

叶片像热带地区的天堂鸟，因此也称天堂鸟花。

杯盖阴石蕨

学名 *Humata tyermannii(Davallia griffithiana)*
科名 凤尾蕨科

光线 各处皆可
浇水 平时 土壤保持湿润
冬天 表面土壤干燥时
温度 16~20℃ / 最低5℃

——

过湿或干燥时都容易有病虫害，不过只要主干存活，就能长出新叶。

幌伞枫

学名 *Heteropanax fragrans* **科名** 五加科

光线 半阳地
浇水 冬天 土壤完全干燥时
温度 21~25℃ / 最低13℃

——

抗寒性弱，冬天应避免放室外，摆室内较佳。

爬山虎

学名 *Parthenocissus tricuspidata* **科名** 葡萄科

光线 各处皆可
浇水 平时 表面土壤干燥时
冬天 土壤完全干燥时
温度 5℃以上

——

虽然是爬墙植物，但不会往上长，会攀附生长。

雪佛里椰子

学名 *Chamaedorea seifrizii Burret* **科名** 棕榈科

光线 半阳地
浇水 表面土壤干燥时
温度 21~25℃ / 最低13℃

——

从侧面喷水，可以保持叶片状态。黑色果实具有毒性。

龙血树

学名 *Dracaena draco* **科名** 龙舌兰科

光线 半阳地
浇水 平时 表面土壤干燥时
冬天 土壤完全干燥时
温度 21~25℃ / 最低13℃

——

具有毒性。

红边竹蕉

学名 *Dracaena marginata* **科名** 百合科

光线 半阳地
浇水 平时 表面土壤干燥时
冬天 土壤完全干燥时
温度 16~20℃ / 最低10℃

——

使用冷水时要多注意。

黄边百合竹

学名 *Dracaena reflexa 'Song of India'* **科名** 百合科

光线 各处皆可
浇水 平时 土壤保持湿润
冬天 表面土壤干燥时
温度 16~20℃ / 最低5℃

——

花语是繁荣和荣光，在阴暗处也能适应生长。

金黄百合竹

学名 *Dracaena reflexa 'Song of Jamaica'* **科名** 龙舌兰科

光线 各处皆可
浇水 平时 表面土壤干燥时
冬天 土壤完全干燥时
温度 16~20℃ / 最低5℃

——

冬天浇冷水会导致叶片变黄，建议使用摆放在室内的水。

番仔林投

学名 *Dracaena angustifolia 'Java'* **科名** 百合科

光线 半阴地
浇水 平时 表面土壤干燥时
冬天 土壤完全干燥时
温度 16~20℃ / 最低13℃

——

在环境不佳的地方也能生长。叶片会繁盛生长，树形漂亮，适合观赏。

眼树莲

学名 *Dischidia* **科名** 萝藦科

光线 半阴地
浇水 表面土壤干燥时
温度 21~25℃ / 最低13℃

——

要经常喷水。

花叶万年青

学名 *Dieffenbachia 'Marianne'* **科名** 天南星科

光线 半阴地、半阳地
浇水 平时 表面土壤干燥时
冬天 土壤完全干燥时
温度 21~25℃ / 最低13℃

有各种不同品种，叶片模样、颜色、大小都不相同。能够维持室内湿度。

琴叶榕

学名 *Ficuslyrata* **科名** 桑科

光线 半阳地
浇水 平时 表面土壤干燥时
冬天 土壤完全干燥时
温度 16~20℃ / 最低5℃

过湿会导致叶片变黑、掉落，要多加注意。

薰衣草

学名 *Lavandula species* **科名** 唇形科

光线 阳地
浇水 平时 表面土壤干燥时
冬天 土壤完全干燥时

维持通风很重要。

迷迭香

学名 *Rosmarinus officinalis* **科名** 唇形科

光线 阳地
浇水 平时 表面土壤干燥时
冬天 土壤完全干燥时
温度 15~25℃ / 最低10℃

要注意避免过湿。

丝苇

学名 *Rhipsalis* **科名** 仙人掌科

光线 半阴地
浇水 土壤干燥时

虽然是仙人掌科，但不能在干燥环境下种植，要注意维持湿度。

豹纹竹芋

学名 *Maranta leuconeura* **科名** 竹芋科

光线 半阳地
浇水 平时 表面土壤干燥时
冬天 土壤完全干燥时
温度 16~20℃ / 最低13℃

喜好温暖潮湿的环境，在干燥环境中，最好能维持固定的湿度。

栒子

学名 *Corokia [Maori Corokia]* **科名** 蔷薇科

光线 阳地、半阴地
浇水 表面土壤干燥时

盆中的土若干燥，很快就会枯死，要注意浇水的时间。

龟背竹

学名 *Monstera deliciosa* **科名** 天南星科

光线 半阳地
浇水 平时 土壤须保持湿润
冬天 土壤完全干燥时
温度 16~20℃ / 最低13℃

夏天时，叶子要喷水、擦干，最好使用温水。具有毒性。

千叶兰

学名 *Muehlenbeckia complexa* **科名** 蓼科

光线 半阴地
浇水 平时　表面土壤干燥时
　　　冬天　土壤完全干燥时
温度 16~20℃ / 最低10℃

繁殖力旺盛，容易变杂乱，要经常整理。

鹿角蕨

学名 *Platycerium bifurcatum* **科名** 鹿角蕨科

光线 半阳地
浇水 平时　土壤须保持湿润
　　　冬天　表面土壤干燥时
温度 16~20℃ / 最低13℃

喜好潮湿环境，要经常喷水。

垂榕

学名 *Ficus benjamina* **科名** 桑科

光线 半阳地
浇水 表面土壤干燥时
温度 21~25℃ / 最低13℃

突然照射光线或照光后移到室内，会导致叶片大量掉落，也不利于生长。

孟加拉榕

学名 *Ficus benghalensis* **科名** 桑科

光线 半阴地、半阳地
浇水 表面土壤干燥时
温度 21~25℃ / 最低13℃

茎为白灰色，有许多如线团般的气根。

波士顿肾蕨

学名 *Nephrolepis exaltata* ‘Bostoniensis’
科名 肾蕨科

光线 半阳地
浇水 平时　土壤须保持湿润
　　　冬天　表面土壤干燥时
温度 16~20℃ / 最低13℃

要避免直射光线，并注意维持湿度。

虎尾兰

学名 *Sansevieria trifasciata* **科名** 龙舌兰科

光线 各处皆可
浇水 平时　表面土壤干燥时
　　　冬天　土壤完全干燥时
温度 21~25℃ / 最低13℃

即使不过湿，室内温度过低时，仍可能腐烂。宠物若误食，可能导致呕吐或腹泻。

轮叶紫金牛

学名 *Ardisia pusilla* **科名** 紫金牛科

光线 各处皆可
浇水 平时　表面土壤干燥时
　　　冬天　土壤完全干燥时
温度 16~20℃ / 最低5℃

抗寒性弱。

苏铁

学名 *Cycas revoluta* **科名** 苏铁科

光线 半阳地
浇水 平时　表面土壤干燥时
　　　冬天　土壤完全干燥时
温度 21~25℃ / 最低5℃

叶片尖而长，要注意避免被折断。

印度榕

学名 *Ficus elastica* **科名** 桑科

光线 各处皆可

浇水 平时 表面土壤干燥时
冬天 土壤完全干燥时

温度 13℃以上

—

叶片若堆积灰尘，会阻碍呼吸，要记得经常擦拭。

水仙

学名 *Narcissus tazetta* **科名** 石蒜科

光线 阳地

浇水 充足浇水

温度 夜间13~15℃
白天比夜间高10℃

—

秋天种植的球茎，来年的春天就会开花。

绿萝

学名 *Epipremnum aureum* **科名** 天南星科

光线 各处皆可

浇水 平时 表面土壤干燥时
冬天 土壤完全干燥时

温度 21~25℃ / 最低13℃

—

有各种纹路，风格各不相同。对动物具有毒性。

石笔虎尾兰

学名 *Sansevieria stuckyi Godefr* **科名** 龙舌兰科

光线 各处皆可

浇水 平时 表面土壤干燥时
冬天 土壤完全干燥时

温度 21~25℃ / 最低13℃

—

即使不过湿，室内温度过低时，仍可能腐烂。宠物若误食，可能导致呕吐或腹泻。

白鹤芋

学名 *Spathiphyllum wallisii* **科名** 天南星科

光线 各处皆可

浇水 平时 表面土壤干燥时
冬天 土壤完全干燥时

温度 21~25℃ / 最低13℃

—

春天、夏天时会开白花。

疣茎乌毛蕨

学名 *Blechnum gibbum* **科名** 乌毛蕨科

光线 半阳地

浇水 平时 土壤保持湿润
冬天 土壤大部分干燥时

温度 20~25℃

—

要让室内维持高湿度。

合果芋

学名 *Syngonium podophyllum* **科名** 天南星科

光线 半阳地

浇水 平时 土壤须保持湿润
冬天 表面土壤干燥时

温度 21~25℃ / 最低10℃

—

剪开茎会有汁液，误食会有危险，要多注意。

白柄粗肋草

学名 *Aglaonema commutatum* **科名** 天南星科

光线 各处皆可

浇水 平时 表面土壤干燥时
冬天 土壤完全干燥时

温度 21~25℃ / 最低13℃

—

容易在室内种植，持续有新品种开发。

白雪公主粗肋草

学名 *Aglaonema snow white* **科名** 天南星科

光线 各处皆可
浇水 平时　表面土壤干燥时
冬天　土壤完全干燥时
温度 21~25℃ / 最低13℃

容易在室内种植，持续有新品种开发。

小叶南洋杉

学名 *Araucaria heterophylla* **科名** 南洋杉科

光线 半阳地
浇水 平时　表面土壤干燥时
冬天　土壤完全干燥时
温度 21~25℃ / 最低5℃

若被阳光直射，叶片会变黄，要尽量避免。若长久摆放在阴暗处，模样容易松散。

散尾葵

学名 *Chrysalidocarpus lutescens* **科名** 棕榈科

光线 半阳地
浇水 表面土壤干燥时
温度 21~25℃ / 最低13℃

部分枝干容易堆积盐分，堆积的盐分若达饱和，可能导致枯死，因此要经常剪枝。

文竹

学名 *Asparagus setaceus* **科名** 百合科

光线 半阴地、半阳地
浇水 平时　土壤须保持湿润
冬天　表面土壤干燥时
温度 21~25℃ / 最低10℃

如羽毛般的细微叶片，看起来独具魅力。

常春藤

学名 *Hedera helix* **科名** 五加科

光线 阳地
浇水 平时　土壤须保持湿润
冬天　表面土壤干燥时
温度 16~20℃ / 最低5℃

要避免摆放在高温处，摆在阴暗处较佳。若空间较干燥，要将叶片喷湿。

火鹤花

学名 *Anthurium andraeanum* **科名** 天南星科

光线 半阳地
浇水 表面土壤干燥时
温度 21~25℃ / 最低13℃

除一氧化碳、氨等不良气体的效果卓越，适合放在厨房或浴室。

芦荟

学名 *Aloe ssp* **科名** 百合科

光线 半阴地、半阳地
浇水 平时　土壤须保持湿润
冬天　叶片皱起时
温度 最低5℃

有的可食用，有的不可以，要多加注意。

尖尾芋

学名 *Alocasia cucullata* **科名** 天南星科

光线 半阳地
浇水 平时　土壤须保持湿润
冬天　表面土壤干燥时
温度 16~20℃ / 最低13℃

据说具有千年的生命力。

薄荷

学名 *Mentha* **科名** 唇形科

光线 半阳地
浇水 平时　土壤须保持湿润
冬天　表面土壤干燥时
温度 15~28℃ / 最低5℃

——

耐寒性佳，寒冷的冬天也能健康生长。

粉叶珊瑚凤梨

学名 *Aechmea fasciata* **科名** 凤梨科

光线 半阳地
浇水 表面土壤干燥时
温度 21~25℃ / 最低13℃

——

苞叶漂亮、色彩鲜明，观赏时间长。

黄金花月

学名 *Crassula portulacea* **科名** 景天科

光线 阳地、半阴地
浇水 夏天停止生长，若浇过多水，会导致根部腐烂
温度 15~35℃ / 最低3℃

——

排水工作要做好。

叶兰

学名 *Aspidistra elatior* **科名** 百合科

光线 各处皆可
浇水 平时　表面土壤干燥时
冬天　土壤完全干燥时
温度 16~20℃ / 最低5℃

——

常用于切花，非常易于生长。

月橘

学名 *Murraya paniculata* **科名** 芸香科

光线 阳地、半阴地
浇水 平时　表面土壤干燥时
冬天　土壤完全干燥时
温度 21~25℃ / 最低13℃

——

像茉莉花一样香气浓烈，在国外也十分受欢迎。

龙神木

学名 *Myrtilocactus geometrizans* **科名** 仙人掌科

光线 阳地、半阴地
浇水 保持干燥
温度 最低5℃

——

要注意避免根部浸湿。

丝葵

学名 *Washingtonia filifera* **科名** 棕榈科

光线 半阴地
浇水 平时　土壤须保持湿润
冬天　表面土壤干燥时
温度 21~25℃ / 最低13℃

——

高大的植株独具魅力，占据面积大，适合大空间。

丝兰

学名 *Yucca* **科名** 龙舌兰科

光线 半阳地
浇水 平时　表面土壤干燥时
冬天　土壤完全干燥时
温度 21~25℃ / 最低5℃

——

和仙人掌一样，不可以经常浇水。

吊兰

学名 *Chlorophytum comosum* **科名** 百合科

光线 半阴地、半阳地
浇水 平时 表面土壤干燥时
冬天 土壤完全干燥时
温度 16~20℃ / 最低10℃

——

树形为玫瑰花状，易于照料。

螺旋灯心草

学名 *Juncus effusus 'Spiralis'* **科名** 灯心草科

光线 阳地、半阴地
浇水 土壤须保持湿润
温度 21~25℃ / 最低13℃

——

属于挺水性水生植物，叶片如弹簧般。

白脉椒草

学名 *Peperomia puteolata* **科名** 胡椒科

光线 阳地
浇水 平时 表面土壤干燥时
冬天 土壤完全干燥时
温度 21~25℃ / 最低13℃

——

生命力强，妥善照顾能长久存活。

水龟草

学名 *Zebrina pendula* **科名** 鸭跖草科

光线 半阳地
浇水 平时 表面土壤干燥时
冬天 土壤完全干燥时
温度 21~25℃ / 最低10℃

——

爬藤植物的一种，适合搭配藤架生长。

孔雀竹芋

学名 *Calathea makoyana* **科名** 竹芋科

光线 半阳地
浇水 平时 表面土壤干燥时
冬天 土壤完全干燥时
温度 21~25℃ / 最低13℃

——

易于照料，放在室内任何地方都可以。

竹芋

学名 *Calathea medallion* **科名** 竹芋科

光线 半阴地
浇水 平时 土壤须保持湿润
冬天 土壤大部分干燥时
温度 21~25℃ / 最低10℃

——

抗寒性弱，最好能经常喷水。

箭羽竹芋

学名 *Calathea insignis* **科名** 竹芋科

光线 半阳地
浇水 平时 表面土壤干燥时
冬天 土壤完全干燥时
温度 1~25℃ / 最低13℃

——

若长久放于干燥或阴暗处，叶片容易低垂或干枯。此外，也要避免光线直射。

长寿花

学名 *Kalanchoe blossfeldiana* **科名** 景天科

光线 半阳地
浇水 平时 表面土壤干燥时
冬天 土壤完全干燥时
温度 16~20℃ / 最低10℃

——

很好照顾的植物，任何人都能轻松上手。

朱蕉

学名 *Cordyline terminalis* **科名** 龙舌兰科

光线 阳地、半阳地
浇水 平时 土壤须保持湿润
冬天 表面土壤干燥时
温度 21~25℃ / 最低13℃

放在光线充足的地方，才能维持美丽的色泽。

变叶木

学名 *Codiaeum variegatum* **科名** 大戟科

光线 半阴地
浇水 平时 表面土壤干燥时
冬天 土壤完全干燥时
温度 21~25℃ / 最低13℃

对温度反应敏感，低温时会落叶，每年春天都需要换土。

澳洲石斛

学名 *Dendrobium lichenastrum* **科名** 兰科

光线 阳地、半阳地
浇水 表面土壤干燥时
温度 7~9℃ / 最低5℃

喜好直射的光线，四季都能轻松种植。

袖珍椰子

学名 *Chamaedorea elegans* **科名** 棕榈科

光线 阴地、半阴地、半阳地
浇水 平时 土壤须保持湿润
冬天 表面土壤干燥时
温度 21~25℃ / 最低13℃

需要充足的水分。

紫花凤梨

学名 *Tillandsia cyanea* **科名** 凤梨科

光线 半阴地
浇水 要经常喷水，避免干燥
温度 16~24℃ / 最低10℃

抗寒性弱。

山苏花

学名 *Asplenium nidus* **科名** 铁角蕨科

光线 半阴地
浇水 平时 土壤须保持湿润
冬天 表面土壤干燥时

叶片两面都是亮绿色，底端为紫红色或褐色。

发财树

学名 *Pachira aquatica* **科名** 木棉科

光线 半阴地
浇水 平时 表面土壤干燥时
冬天 土壤完全干燥时
温度 21~25℃ / 最低13℃

消除二氧化碳的能力卓越，建议摆放在阳台或客厅。

薜荔

学名 *Ficus pumila* ‘*Variegata*’ **科名** 桑科

光线 各处皆可
浇水 平时 表面土壤干燥时
冬天 土壤完全干燥时
温度 21~25℃ / 最低7℃

喜好高湿度环境，难以长久种植，每年春天都要移盆。

凤尾蕨

学名 *Pteris multifida Poir* **科名** 凤尾蕨科

光线 半阳地
浇水 平时　土壤须保持湿润
　　　冬天　表面土壤干燥时
温度 16~24℃ / 最低5℃

——

蒸腾效果卓越。

希望蔓绿绒

学名 *Philodendron 'Congo'* **科名** 天南星科

光线 半阳地
浇水 平时　表面土壤干燥时
　　　冬天　土壤完全干燥时
温度 21~25℃ / 最低13℃

——

抗寒性弱，要多注意。

羽裂蔓绿绒

学名 *Philodendron selloum* **科名** 天南星科

光线 半阳地
浇水 平时　表面土壤干燥时
　　　冬天　土壤完全干燥时
温度 21~25℃ / 最低13℃

——

喜好潮湿环境，使用养分充足的培养土较佳。

球兰

学名 *Hoya carnosa* **科名** 萝藦科

光线 半阳地
浇水 平时　表面土壤干燥时
　　　冬天　土壤完全干燥时
温度 21~25℃ / 最低13℃

——

攀藤植物，易于种植，非常受欢迎。

蝴蝶兰

学名 *Phaelenopsis spp.* **科名** 兰科

光线 半阳地
浇水 平时　表面土壤干燥时
　　　冬天　土壤完全干燥时
温度 16~20℃ / 最低5℃

——

花朵华丽优雅，是送礼的热门选择。

图书在版编目（CIP）数据

今天起，植物住我家 /（韩）权志娟著；陈靖婷译．— 北京：中国轻工业出版社，2020.11

ISBN 978-7-5184-3104-5

Ⅰ．①今… Ⅱ．①权… ②陈… Ⅲ．①园林植物—室内装饰设计—室内布置 Ⅳ．① TU238.25

中国版本图书馆 CIP 数据核字（2020）第 136729 号

责任编辑：陈　萍　　责任终审：劳国强　　整体设计：锋尚设计

策划编辑：陈　萍　　责任校对：燕　杰　　责任监印：张　可

出版发行：中国轻工业出版社（北京东长安街6号，邮编：100740）

印　　刷：北京富诚彩色印刷有限公司

经　　销：各地新华书店

版　　次：2020年11月第1版第1次印刷

开　　本：710 × 1000　1/16　印张：10

字　　数：220千字

书　　号：ISBN 978-7-5184-3104-5　定价：58.00元

邮购电话：010-65241695

发行电话：010-85119835　传真：85113293

网　　址：http://www.chlip.com.cn

Email：club@chlip.com.cn

如发现图书残缺请与我社邮购联系调换

200102S5X101ZYW